KB186487

爆沈
어뢰를 찾다!

천안함 水中작업 UDT 현장지휘관의 56일간 死鬪

權永代
해군 27 전대장

조갑제닷컴

차 례

4부 | 작전의 종료

프롤로그

平時(평시)에 군함이 처참하게 침몰했다. '천안함'의 침몰! 군함이 침몰했다는 사실을 쉽게 인정하는 대한민국의 국민은 얼마 없었을 것이다.

나도 천안함과 같은 유형의 여수함 艦長(함장)을 역임했었다. 1년을 근무하면서 해상출동 150여 일을 보내면서, 어뢰에 의해 침몰한다고는 생각도 못했었다.

처음 언론속보를 보고 해군인 나도 오히려 암초에 의한 좌초가 맞지 않나 생각했었다. 그러나 시시각각 발표되는 내용을 보고 좌초는 아니라고 판단되었다. 왜냐하면 군함이 암초와 충돌했다고 결코 선체가 분리되는 일은 없기 때문이었다.

다음으로 생각되는 것은 기뢰에 의한 침몰을 생각할 수 있었다. 그러나, 한때 백령도에서도 작전경험이 있는 나로서는 戰時(전시)상황이 아닌

평시에 敵(적)이 공격기뢰를 천안함 침몰위치에 부설한다는 것은 논리상 맞지 않는다고 판단되었다.

물론, 일부 언론에서 제기되었던 내부폭발은 말도 안되는 것이었다. 10년이 넘게 함정근무를 한 경험상 내부폭발이 선체를 두 동강낸다는 것은 있을 수 없는 상황이었다. 아마 선박을 타본 경험이 있는 사람이면 모두 공감할 것이다.

현장 출동시, 처음에는 생존자를 최대한 살리는 일이 급선무다. 모든 것을 떠나서 살아있는 생명을 골든 타임(Golden Time) 내에 구해내야 하는 것이다. 가용한 수단, 능력을 총동원해서 임무에 매달렸다.

기상은 최악이었다. 강한 潮流(조류), 극도로 차가운 수온은 작전의 최대 장애물이었다. 水中(수중)에서 행동을 민첩하게 하기 위해서 착용한 濕式(습식)잠수복은 오히려 수중에서 몸을 얼려버렸다. 수온이 3℃, 보통 목욕탕의 냉탕온도가 16~17℃임을 감안하면, 마치 얼음 속에서 작업을 하는 느낌이었다.

야간 작업시는 호흡조절기가 얼어서 공기가 나오지 않는 상황까지 발생했었다. 그러나, 군인은 국가가 주는 임무는 수단과 방법을 가리지 않고 수행해야 하는 것이 철칙이다. 그것이 아무리 위험하더라도…. 한주호 준위가 사망했다. 현장에서 어떻게든 살려보려고 발버둥쳐도, 결국 전우들의 눈물 속에서 우리의 곁을 떠났다.

平時가 아닌 戰時(전시)와 같은 상황이었다. 극적으로 인양이 결정되고, 민간 자산까지 총 동원되어 실종자가 가장 많은 艦尾(함미)[1)]가 올라왔다.

폭발물 안전 때문에 제일 먼저 선체에 올라갔다. 기관부 침실과 72포 R/S룸, 상의를 탈의한 전우들의 모습이 보였다. "얼마나 추웠어? 이제 편히 쉬어야지." 자연스럽게 흘러나온 말이었다.

우여곡절 끝에 艦首(함수)[2] 선체까지 인양하고, 생각하지도 못한 쌍끌이 어선을 운영하는 임무가 떨어졌다.

최초의 임무는 쌍끌이 어선[3]의 투입으로 어장훼손을 염려하는 백령도, 대청도 어민들을 이해시키는 것이었다. UDT[4]로서 강하게 밀고 나가라는 것이었고, 후배 장교인 김대훈 소령 덕분에 생각보다 쉽게 해결이 되었다.

1차적인 문제를 해결한 후 자연스럽게 쌍끌이 어선, 대평 11/12호를 이끌고 잔해물 중 증거물을 찾기 위한 임무로 연계되었다.

첩첩산중, 모든 것이 어려운 여건이었다. 강한 조류, 작업에 장애물로 버티고 있는 오래된 침선, 바윗돌 같은 엄청난 강도의 모래덩어리들, 백령도 연안의 低水深(저수심) 등은 많은 고민을 낳게 했다.

그곳에서 강한 의지의 한국인, 김남식 선장을 만났다. 바다사나이, 카리스마의 김남식 선장은 해상에서 내가 원하는 방법과 목표를 완벽하게 수행해줬다.

'스모킹 건(Smoking Gun)'을 찾아낸 것은 결코 우연이 아니다. 과학적

---

1. 艦尾(함미): 함정의 꼬리 부분. 통상 스크류가 선체의 뒷부분인 함미에 위치(일반선박은 船尾).

2. 艦首(함수): 함정의 머리 부분. 배가 전진하는 것을 기준으로 앞부분(일반선박은 船首).

3. 쌍끌이 어선: 어선 2척으로 양쪽에서 길다란 날개그물을 쳐서 두 배 사이에 있는 어류를 잡는 방식의 어선. 천안함 어뢰탐색시는 특수그물을 사용하여 해저의 잔해물을 회수하는 용도로 활용하였다.

4. UDT(Underwater Demolition Team): 수중폭파팀.

근거와 엄청난 고민, 그리고 강력한 의지가 만들어낸 것이다.

며칠 밤을 고민하면서 하루에 주어진 단 몇 번의 기회를 가장 효율적으로 활용했고, 반드시 찾겠다는 사명감이 곁들여진 결과인 것이다.

이 글은 아직도 천안함 폭침이 북한의 소행이 아니라고 생각하는 모든 이들에게 참고할 수 있는 자료를 제공하는 것이 한 목적이다.

나는 2010년, 56일간 백령도 천안함 침몰현장에서 탐색구조단 UDT전력의 현장 지휘관 및 지휘부 참모 역할을 하면서, 전반적인 작전에 참여하였다.

천안함 폭침사건이 발발한 지 6년이 흘렀지만, 사건의 원흉인 북한은 아직까지 사건의 주범임을 부정하고 있다.

모든 과학적 근거와 결정적 증거물(Smoking Gun)인 '북한 어뢰'가 아직도 상당수의 사람들에게 신뢰가 가지 않는다는 것은 이해가 되지 않지만, 어느 정도는 보강이 가능한 자료가 필요하지 않나 하는 생각으로, 현장에서 작성되었던 일기를 정리하기 시작했다.

언론 발표와 국방부 등 공식적인 발표 자료를 대부분 생략하고, 현장 지휘관 임무를 수행하면서 직접 관여하고, 행동한 것을 위주로 정리했다.

해군사관학교 입교 후, 군인으로서 30년을 복무하면서 아직까지도 신념처럼 생각하는 것이 "대한민국 국군은 국토를 방위하고, 국민의 생명과 재산을 지킨다!"이다.

사실 이러한 평소의 신념이, 천안함 폭침사건 현장에서는 많이 흔들리게 되었다.

왜 국민은 대한민국 국민의 생명과 재산을 지키는 군인을 못 믿는 것인가? 우리나라의 군인을 믿지 못한다면, 어떻게 총을 쥐어주고, 나라를 안전하게 지킬 것을 바라면서 편히 잠을 잘 수 있는가?

각종 언론은 현장에서 이루어지는 조치들을 왜곡하고, 의심이 가게끔 보도하는 것이 왜 그렇게도 많은가?

많은 의문 속에, 한때는 자괴감마저 들었다. 그러나 절대 다수의 군인들은 아직도 주어진 위치에서 맡은 바 임무에 충실하고 있다고 믿는다. 왜냐하면 대한민국 군인으로서 명예를 목숨처럼 생각하니까….

일기를 정리하면서, 군사보안에 저촉되는 내용과 지극히 개인적인 내용은 생략[5)]하였다.

또한 어뢰를 집중적으로 찾았던 기간, 백령도 현장에서 실질적으로 보고되고 전파되었던 자료들이 '백령도 일과 보고'란 내용으로 덧붙여졌다.

5. 생략: 독도함을 제외한 함정명은 일반유형만 명시, 현역 특수요원은 가명 사용.

화보

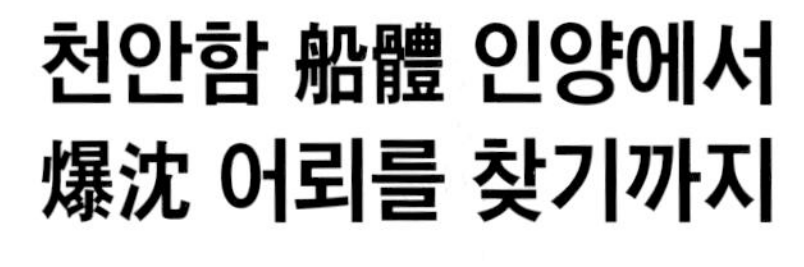

천안함 船體 인양에서 爆沈 어뢰를 찾기까지

사진 / 海軍 제공

2010년 4월24일 천안함 艦首(함수)를 인양했다. 잘라진 부분으로 流失(유실)을 막기 위해 씌운 그물망이 보인다.

사고 다음날인 3월27일 오전, 백령도 사고 해역에 뒤집힌 채 모습을 드러낸 천안함. 海警(해경) 경비함이 실종자 수색작업을 벌이고 있다.

잠수작업을 나갈 준비를 하는 UDT 대원들. 뒤로 구조함이 보인다.

함수 인양 작업을 나가는 대원들. 잠수복 차림의 故 한주호 준위가 보인다.

3월28일 오후 UDT 잠수사가 천안함 艦首(함수)를 발견한 뒤 대원들은 조명을 밝히고 밤새 수색 구조작전을 펼쳤다.

4월3일 야간 수색작업을 나가는 대원들. 실종자 가족들은 이날 해군에 인명구조 작전 중단을 요청했다.

3월30일, UDT의 전설로 불리던 한주호 준위가 잠수작업 도중 실신해 세 시간 넘게 심폐소생술을 시도했으나 끝내 사망했다.

4월1일 오전, 기상악화로 구조작업이 중단됐다. 백령도 해안에서 바라본 독도함.

UDT 대원들이 잠수작업 현장에 도착한 후 組를 나누어 水中 탐사를 벌이고 있다.

4월15일 艦尾(함미)를 바지선에 인양한 후 폭발물 안전을 확인하는 權永代 중령(노란 헬멧).

4월22일 서울 강동구중식업연합회원들이 현장을 방문해 수색중인 장병들에게 자장면을 대접했다.

4월3일 오후, 艦尾구역에서 발견된 屍身(시신)을 수색대원들이 보트로 이송하고 있다.

4월23일, 와이어에 딸려나온 연돌(배의 굴뚝)은 처참했다. 찢겨지고 틀어지고….

4월15일 오전 9시부터 艦尾(함미) 인양을 시작해 오후 1시에 함체를 바지선에 올렸다. 이날 오후 늦게까지 함체 내부에서 36具(구)의 시신을 수습했다.

4월30일 천안함 폭침 해역에서 벌어진 해상 위령제.

5월15일 쌍끌이 어선 대평호 김남식 선장이 끌어올린 爆沈의 결정적 증거물인 북한제 어뢰. 김남식 선장은 "天運이 따랐다"고 했다.

5월15일 대평호 갑판에서 천안함 폭침의 결정적인 증거물인 어뢰 프로펠러를 포장하는 합동조사단원들. 우측 사진은 김남식 선장.

북한제 어뢰에 쓰여진 '1번' 글씨. 해군이 爆沈(폭침) 증거물의 원형보존을 위한 腐蝕(부식) 방지 처리를 하지 않아 현재는 글씨가 거의 지워졌다.

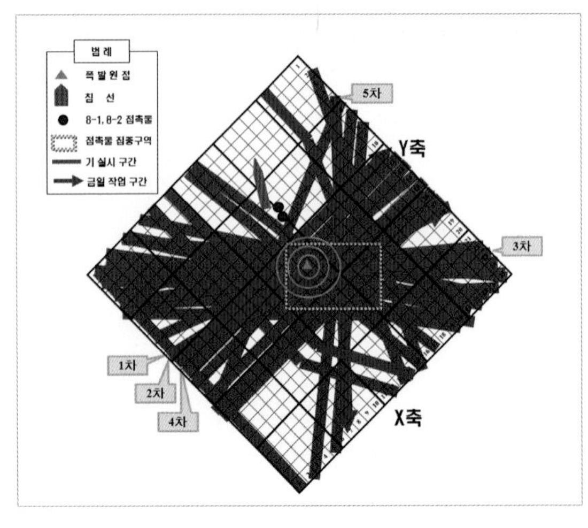

쌍끌이 어선 두 척은 가로세로 500야드(457m) 넓이의 바다를 25m간격으로 하루 여덟 차례 가까이 훑었다. 어뢰 발견일의 어선 수색 航跡(항적)을 담은 도표(5월15일).

1

군함의 침몰

1

비상소집, 출동

軍에서는 훈련 목적상 비상소집 훈련과 '實戰(실전)' 비상소집이 있다. 군 경험상 언제 실전 비상소집이 발령되는지는 잘 안다.

뉴스 속보 '군함 침몰 중'은 실전이다. 만약 해프닝으로 끝나더라도 부대 특성상 잠시 머뭇거릴 여유가 없었다. 부대로 복귀하는 차 안에서 비상소집 연락을 받았다. 전화통화 후 5분 만에 부대에 도착했다.

"실전 긴급출동!!"

실질적으로 특수전 요원이 현장으로 출동하는 경우는 크게 두 가지로 구분할 수 있다. 첫째는 국가안보적 위기상황에서 최초로 투입되어 상황을 처리하는 것이고, 두 번째는 국민의 생명과 직결되는 경우에 아무리 위험한 상황이라도 투입시켜 해결하는 것이다. 천안함 침몰상황은 두 가지 모두가 해당되는 경우였다.

해군 초계함 '천안함' 서해상에서 침몰

00 | 수정 2010.03.27 08:37 SNS공유 메일 인쇄 글씨크기

해군의 포항급 초계함(PCC) 1척이 서해상에서 원인 미상의 폭발이 발생해 침몰된 것으로 확인됐다.

천안함 침몰 언론 보도.

상황은 의외로 심각했다. 부대에서는 해상 우발상황에 가장 잘 훈련이 된 폭발물 처리대(EOD)[6] 요원을 출발시킨다. 최초 해상과 관련된 상황에서 EOD 요원을 제일 먼저 출동시키는 이유는, 해중 기뢰 탐색/처리 등의 임무를 수행하면서 매우 높은 수준의 잠수능력을 겸비하고 있기 때문이다.

◎ 2010.3.26.(금) 맑음

천안함 침몰

저녁 9시 뉴스를 보면서 휴식을 취하고 있던 중 2140분경 갑자기 긴급

---

6. EOD(Explosive Ordnance Disposal): 폭발물 처리대.

속보로 '서해 백령도 해상에서 군함 침몰 중'이란 자막이 떠올랐다.

생각할 겨를이 없이 옷을 입고 집에서 출발하면서, 부대에 전화해보니 상황은 정확히 파악되지 않고 여단장님이 들어오고 있는 중이라는 것만 확인하였다.

2200시경 부대에 도착하여 상황파악 – '천안함 침몰, 인명구조 중, 원인은 좌초, 기뢰, 자체폭발 등 가능성 있으나 미상'으로 명확한 원인은 파악되지 않고 해경과 어선에서 인명 구조하는 모습만 방송되고 있었다.

'실제상황!'

부대원 모두가 자연스럽게 출동을 생각하고 있었다. 특수전 부대원으로서 언제, 어떤 상황에서 움직여야 되는가는 이미 수많은 체험을 통해서 적응되어 있는 것이 당연한 것이다.

예하 지휘관 및 참모들이 비상소집되었고, 긴급하게 EOD 요원들을 중심으로 출동인원을 편성하였다. 어떻게 보면 출동인원 선정은 매우 간단하다. 왜냐하면 동일한 부대에서 장기간 근무하면서 대원들의 개인성향과 보유한 전문능력, 수준 등을 이름만 들어도 알 수 있기 때문이다. 따라서 어떤 상황에서 어떤 인원이 가야 하는지는 비교적 쉽게 조합이 될 수 있다.

또한 출동장비는 평소부터 기본적인 임무를 위해 세팅이 되어 있는 상태이고, 상황에 따라 일부 장비만 추가시키면 되는 것이다.

책임자로는 김근환 소령(교훈대장)을 지정하였다. 김근환 소령은 얼마 전까지만 해도 EOD 대장을 역임하여 전반적인 EOD 작전을 가장 잘 알고 있는 지휘관이다.

또한 교체된 지 얼마 되지 않아 경험이 부족한 최형순 소령(EOD 대장)을 副(부)지휘관으로 선정하였다.

◎ 2010.3.27.(토) 맑음, 파고 2m 풍속 20kts

초기 대응세력 출동과 본진 출동준비

어느덧 2400시를 넘겨 상부로부터 출동지시가 떨어졌다. 사전에 침몰 원인 파악을 위하여 평택에 위치한 5대대의 이준수 중사가 LYNX[7]편으로 백령도로 긴급 전개하였고, 기 계획된 김근환 소령 등 9명이 해난구조대와 합류하여 0240분경 헬기편으로 현장에 출동하였다. 여단 지휘부는 0500시까지 부대에 위치하다 추가적인 지시가 없어 비상대기 상태를 유지하면서 일단 귀가하였다.

오전 11시까지 정신없게 골아 떨어졌다. 11시쯤 참모장 강신우 중령으로부터 일요일 출동을 가야겠다는 연락을 받았다.

TV에서는 천안함의 艦首(함수) 모습이 보이는 가운데 고속정, 해경정, 어선들이 주위를 맴돌고 있는 상황이 계속 비쳐지고 있고, 艦尾(함미)는 흔적 없이 사라진 상태로 혼란스러운 모습이었다.

아직까지 원인 파악이 되질 않는 상황에서 추론만 난무하였다. 점심식사 후 부대로 복귀, 본격적인 출동준비에 나섰다. 출동준비를 하면서

---

7. LYNX: 對잠수함 헬기. 해상에서 잠수함을 탐지하고 공격할 수 있는 능력을 보유.

합참, 천안함 침몰에 대한 초기 브리핑 실시.

참모장과 임무수행에 관련한 여러 가지 이야기를 나누었다.

"한 달은 예상해야 할 거야. 특히 서해쪽은 기상도 그렇고 해상 여건은 항상 걸림돌이 되기 때문에 중간중간 필요한 사항이 많이 생길 거다. 헬기도 수송능력이 제한되기 때문에 당장 긴급한 장비들 위주로 잘 선정해서 챙겨 가."

참모장 강신우 중령은 1993년 10월 군산 부근 위도에서, 292명의 희생자가 발생하였던 서해훼리호 침몰사고시 UDT 구조전력을 실질적으로 운용한 경험이 있었다.

"한 달까지야 걸리겠습니까, 물론 서해의 기상조건이 최악이고 저도 근무를 한 경험이 있어 어려운 것은 알지만 그 정도는 걸리지 않을 것 같습니다."

UDT 구조요원들이 CH-47을 이용하여 백령도로 이동할 준비를 하고 있다.

“처음에는 지휘체계부터 전반적으로 정립되지 않아 어려움을 겪을 것이고 지휘부가 구성되어도 부대별 능력과 특성이 정확히 인식되지 않아 효과적인 작전이 되기가 쉽지 않을 거다. 우리 부대 대원들의 능력과 특성발휘가 극대화되기 위해서는 지휘관이 잘해야 하는 것이야….”

참모장의 경험을 통한 조언들이 이어졌다.

“초기에 급한 상황을 처리하더라도 후속 처리사항이 항상 따르기 때문에 한 달 정도는 보는 것이고, 특히 대원들 안전은 많이 신경 써라.”

정말 마음속에 새겨야 할 사항들을 꼼꼼히 되짚어주는 중요한 이야기들이었다. 나도 서해훼리호 침몰사고시 고속정 정장으로서 참가한 경험이 있었다. 당시에도 구조체계가 제대로 정립되지 않아 임무지시가 하루에도 몇 번씩이나 바뀌고, 수시로 식사를 거르면서 어디에 보고를 해야 할지 몰라서 혼란을 겪은 기억이 났다.

인원은 가급적 잠수능력과 구조작전 경험이 있고, 장비운영에 숙달되어 있는 병력 위주로 32명을 편성하고 장비는 고무보트 및 잠수장비 일체를 준비했다. 세부적인 장비 목록 및 잠수 숙달자를 구분하는 전반적인 작업에는 한주호 준위가 움직였다.

"대대장님, 출동시 꼭 필요한 인원과 장비를 구분했는데 대대장님이 결심해 주시죠."

가져온 서류에는 잠수 숙달자와 장비 전문가가 구분되어 있었고, 상황별로 소요되는 장비목록이 一目瞭然(일목요연)하게 정리되어 있었다.

"대대장님, 1대대 중·상사중에 그래도 경험이 많고 순간적인 우발상황에서 잘 대처할 인원들은 여기 22명이고, 잠수능력과 동시에 장비에 대한 전문지식이 있는 인원들은 두 번째 장에 있는 15명인데 현장에 가장 적합할 것으로 생각되는 인원부터 우선순위를 매겨서 정리했습니다…."

"하사들 중에서도 몇 명은 잠수능력이 아주 우수하던데, 오히려 악조건에서 체력이 우수한 하사들도 많이 포함되는 게 좋을 것 같은데, 어떻게 생각해요?"

작전환경을 고려해 경험과 체력이 동시에 필요한 것을 이야기했다.

"예, 하사들 중에서도 능력 우수자는 일부 포함시켰고, 걱정하시는 고참 중에서 여기 김 상사는 수중에서 관찰력이나 순발력이 정말 우수하고 2번 장 중사는 경험은 약간 부족하지만 천성적으로 타고난 순발력을 가지고 있고…."

한 명 한 명에 대한 능력과 장단점을 이야기해 갔다. 더 이상 다른 의견을 낼 수가 없었다. 아무래도 한주호 준위가 교육훈련대 교관을 하면서 6개월 이상을 직접 가르치고, 실무에서도 각종 훈련에서 직접 하는 것을 보면서 개인별로 명확하게 수준을 평가하고 있는 결과인 것 같았다.

"이번 출동은 힘들 것 같은데, 한 준위는 여기에서 필요한 사항을 식별해서 도움을 주는 것이 좋지 않을까요?"

마음에도 없는 이야기였다.

"대대장님, 전에도 말씀드렸지만 제대하기 전에는 항상 현장에 있고 싶습니다. 이제는 대원들 얼굴만 보면 마음을 어느 정도 알 수 있습니다. 만약 제가 가지 못하면 제 스스로 스트레스를 받아서 금방 쓰러질 겁니다!"

내가 알고 있는 한주호 준위 그대로다. 아마 안 가겠다고 말했다면 반드시 데려가기 위해 설득을 했을 것이다. 저녁 늦게까지 모든 준비를 끝내고 2400시경 귀가했다. 내일 육군 CH-47[8)] 2대로 이동 예정이다.

---

8. CH-47: 일명 시누크. 프로펠러가 앞뒤로 2개가 있는 헬기이며 적재공간이 넓어 다수의 병력과 장비의 이동이 가능함(육군 및 공군만 보유).

2
현장 도착과 艦首(함수) 발견

육군 헬기로 도착한 백령도는 마치 영화에서 보던 최전방 격전지를 연상케 하였다. 수많은 헬기와 차량들이 쉴 틈 없이 오가고 임시캠프로 운영되고 있는 장촌 해안은 구조작전 요원과 현지 해병대 병력, 언론 취재인원, 지원을 위해 나온 현지 민간인 등 혼란스러울 정도로 복잡해져 있었다.

TV에서 보았던 艦首(함수) 부분은 현장에서 찾을 수가 없었다. 넓게 펼쳐진 바다 한가운데서 사라져 버린 것이다. '모래사장에서 바늘 찾기'란 말이 과하다 싶겠지만, 넓은 바다에서 군함은 한낱 조그만 쇳조각에 불과할 뿐이다. 특히, 물 속에서 소실된 선체를 찾아내는 것은 많은 노력과 시간을 요구한다. 지금 나에게 주어진 여건이 결코 만만하지 않다는 느낌을 순간적으로 직감할 수 있는 상황이었다.

다행히 현장에 도착했을 때, 김근환 소령을 만날 수 있었다. 짧은 시간에

해군 초계함 천안함이 3월 27일 오전 백령도 사고해역에 뒤집힌 채 모습을 드러낸 가운데 해양경찰 경비함이 주변에서 수색작업을 펼치고 있다.

전반적으로 확인된 결과를 보고 받고 김근환 소령의 능력을 다시 한번 실감할 수 있었다. 강한 조류에 의해서 함수와 같이 浮遊(부유)된 상태에서, 얼마쯤 떠내려갔는지 가늠하기가 무척 힘들다.

김근환 소령은 군함의 특성을 고려해서, 해상의 냄새와 기름띠를 추적했다. 인계해준 예상위치에서 결국 함수 선체를 발견했다. 다만, 강한 조류의 영향을 생각하지 못한 작전으로 다소 위험한 상황을 맞이하기도 했지만….

◎ 2010.3.28.(일) 맑음, 파고 1.5m 풍속 15kts

"선체 발견!"

아침 일찍 부대로 출근해서 인원, 장비 이상 유무를 확인하고 1000시경 진해에 위치한 해군 헬기장으로 이동했다.

해난구조대 추가병력까지 총 3대의 육군 CH-47이 대기하고 있었고, 중량 고려 搭載(탑재)를 실시했다. 인원은 나를 포함 32명, 각종 잠수장비와 고무보트 등 약간은 중량을 오버할 정도로 많이 실었다.

1300시경 헬기 이륙… 기상은 좋았으며 가급적 低空(저공)으로 신속하게 이동을 하였고, 각종 상황에 대해 머릿속이 매우 복잡했다. 나는 조종석에 같이 앉아 통신라디오를 청취하면서 꼼짝을 못하고 있었는데, 바로 뒤에서 한주호 준위가 짐을 침대삼아 편히 쉬는 것이 무척 부러웠다.

사실 육군 헬기를 공수훈련을 포함하여 각종 훈련시 수시로 타보기 때문에 편할 정도로 익숙해져 있지만, 이렇게 장시간 타보기는 처음이었다. 조종사는 육군 준사관(준위)이었는데 헤드셋을 착용하고 있어 각종 교신내용과 조종사들간의 상호 의사소통 내용을 들을 수 있었다. 해군에서는 기본적으로 소령 또는 대위급 장교가 조종사 임무를 수행하지만, 육군은 체계가 많이 다른 것 같았다.

"헬기를 얼마나 조종했어요?"

"10년은 넘었습니다. 기본적으로 한 기종을 타면 10년은 조종석에 앉는다고 생각해야 합니다."

해군은 1~2년 만에 조종사가 교체되지만 육군은 전문성을 갖춘 준사관이 장기간 근무를 하는 체계였다. 헬기를 타고 이동하면서 헬기 조종이 결코 쉽지는 않겠구나 하는 생각이 들었다. 장기간에 걸쳐 숙달되어 있는 전문적인 능력이 필요하다는 것을 느끼게 되었다.

1530분경 백령도 사곶 해안에 도착했다. 예전 사관생도 때 연안실습

중 와본 곳이다. 각종 헬기와 트럭들이 정신없게 돌아다니고 있어 마치 전쟁터 전진기지에 도착한 느낌이었다. 사곶은 펄이 마치 콘크리트처럼 딱딱해서 활주로로 병행해서 사용중인 곳이다. 도착해서 현지에서 제공되는 트럭 3대를 이용해 지휘본부가 있는 장촌 해안으로 이동했다. 아직까지도 현장은 전혀 정리가 안 된 모습이고, 김근환 소령의 보고로는 지휘체계 및 임무지시조차도 명확치 않아 개별적으로 활동 중이라는 것이었다.

하루 동안 한 업무는 艦首(함수) 소실위치 표시 및 사이드스캔 소나(Side-Scan Sonar·SSS: 수중 금속체를 스캔하여 형태를 식별하는 장비)로 소실된 艦首 및 艦尾(함미)를 탐색하고 있고, 숙소와 식사는 해병대 보병대대 및 연봉회관을 사용하고 있다고 했다. 이어서 현장에 있는 김진황 중령을 만나서 작전현황에 대해서 간단히 설명을 들었다.

소실된 함체를 찾는 것이 우선적이며, 시간과 여건을 고려해볼 때 생존자가 있을 확률은 매우 적다고…내가 보아도 함체가 동강나 침몰했다면 이미 완전침수로 생각할 수밖에 없었다.

나도 PCC[9] 여수함장을 했기 때문에 내부구조에 익숙해져 있어, 艦尾 쪽은 중량으로 인해 웬만한 조류에도 크게 이동을 하지 않을 것으로 판단되었다. 다만, 艦首 쪽은 큰 중량물이 없고 내부공간이 다양하기 때문에 조류의 영향을 충분히 받을 수도 있을 것으로 생각되었다.

---

9. PCC(Patrol Combat Corvette): 전투초계함. 對艦(대함)·對潛(대잠)·對空(대공) 능력을 갖춘 전투함으로 천안함도 PCC임.

일단 급선무는 함체의 위치 파악이었다. 시간대별 조류상황 파악 중 김근환 소령으로부터 오후 탐색시 백령도 동편 쪽으로 기름띠를 발견한 곳이 있다고 했다. 우선 급한 대로 저녁식사를 장촌항 지휘부에서 실시하고, CRRC[10)]를 일제히 진수시켰다.

선임자 위주로 잠수작업 준비 지시를 하고, 기름띠의 經·緯度(경·위도) 좌표 확인, 사이드스캔 소나 준비 등 전반적 탐색작업 준비를 하였다.

저녁식사중 全 세력은 지휘부가 위치한 구조지휘함으로 집결하라는 지시가 떨어졌다. 우선은 CRRC 6척 중 3척을 이용하여 장비이송을 실시하고, 3척은 탐색작업 지시를 하여 숙달자 위주의 첫 탐색작업이 이루어졌다.

1900시경 한주호 준위로부터 기름띠의 위치를 발견하였고, 확인차 잠수를 하겠다는 보고를 받았다. 즉시 현장으로 이동하여 확인 결과 거의 잠수가 불가할 정도로 조류가 강하였고, 잘못하면 잠수자마저 위험할 정도로 안전에 위협을 받았다.

현장에서는 기름 냄새를 미약하게 느낄 정도여서 이 부근이 艦首(함수) 침몰 위치임을 직감할 수 있었다.

첫 번째 조로 잠수를 실시한 한주호 준위와 김정오 상사가 함수를 발견하지 못하고 浮上(부상)하였고, 벨트중량을 강화시킨 두 번째 조(함충호, 박현규 상사)가 안전로프를 착용하고 잠수를 실시하였다. 약 10분 후 함충호 상사가 긴급하게 수면상으로 부상하였다.

---

10. CRRC(Combat Rubber Raid Craft): 고속모터를 장착한 작전용 고무보트.

연합뉴스

軍, 침몰 함정 함수에 위치표식 부착(종합)

기사입력 2010-03-28 21:08 최종수정 2010-03-28 21:20 140 추천해요

수색작업하는 군 장병 (백령도=연합뉴스) 안정원 기자 = 28일 해군 초계함 천안함 침몰 현장인 백령도 해상에서 해군 장병들이 구조함과 함께 수색작업을 하고있다. 2010.3.28 jeong@yna.co.kr

천안함 함수 선체 발견 언론 보도.

"선체 발견!!"

최종위치를 확인하고 한주호 준위와 김정오 상사를 재투입시켰다. 결과적으로 위치부이 로프[11]를 이용하여 함수 선체에 로프를 연결, 최종 함수 위치 확인에 성공하였다.

2000시경 5전단 情作(정작: 정보작전) 참모(김우성 중령)를 통하여 지휘부에 함수 발견보고를 하였고, 2040분경 구조지휘함으로 전원 복귀하였다.

복귀 후 5전단장 및 55전대장에게 도착 보고를 하고, 배정받은 침실로 짐을 옮기고 있던 중, 지휘소에 있던 情作참모가 보고사항을 이야기

11. 위치부이 로프: 수중에 있는 물체를 수면상에서 확인이 가능하도록 부이와 물체를 연결시키는 로프. 통상 高潮(고조)시를 고려해서 여유있는 길이를 확보함.

해 줬다.

"UDT가 함수 선체를 찾은 것으로 총장님까지 보고되었습니다."

현장전개 완료상황을 여단장(강판규 준장)과 참모장에게 전화를 해서 보고하고, 艦橋(함교)에 있는 지휘소에 위치하여 상황을 파악하기 시작했다.

구조지휘함에는 이미 참모총장님과 海本(해본) 지휘부(정보화기획실장 윤공용 소장, 김세한 대령 등)가 전개하여 상황 정리 중에 있었다.

업무를 원활히 할 수 있는 자리를 선정하고, 도착신고와 함께 지금까지 진행된 상황들을 파악하기 시작했다.

2300시경 5전단장이 나를 찾아서 전단장 집무실로 갔다. 이미 55전대장이 먼저 와 있었다. 전단장은 작전운영 지침을 별도로 시달했다.

"계급, 직책을 떠나서 부대가 다른 만큼 서로 잘 협조하고 차후 모든 일은 나한테 직접 보고해."

사실 UDT와 SSU는 각종 재난 시 동일 임무를 하면서, 항상 어려울 때 상호 도움이 필요한 조직으로 서로를 너무나도 잘 알고 있는 상태였다. 어느덧 길고 긴 하루가 지나가고 상황실과 지휘소는 여전히 바쁘게 움직이고 있었다.

◎ 2010.3.29.(월) 맑음, 파고 1.5m 풍속 15kts

천안함 船體 수색 작전

0100시경 掃海艦(소해함)[12]으로부터 艦尾(함미) 선체로 추정되는 물체

SSU(Ship Salvage Unit)=대한민국 해군 해난구조대

– 1953년 각종 해난사고에 대응하기 위해 창설된 부대이며, 항만 및 수로상 장애물 제거 임무도 병행한다.
– 심해잠수 및 해상구조 능력은 세계적으로 인정받고 있으며, 평소 강인한 체력과 전문기술의 습득이 요구된다.
– 주요 작전실적
· 서해훼리호 구조작전(93년)
· 북한 상어급 잠수정 이초[13]· 예인(96년)
· 북한 유고급 잠수정 및 半잠수정 인양(98년)
· 참수리 고속정 357호정 인양(02년)
· 화천댐 준설선 인양(06년)
· 북한 장거리 미사일 잔해 인양(12년)
· 세월호 침몰시 탐색 및 구조(14년)

를 발견했다는 보고가 들어왔다. 音探士(음탐사)[14]에 의한 분석이었는데 신빙성이 있어 보였다.

통신실에 실종자 가족들이 들어와 있었다.

"총장님! 해군의 능력이 이것밖에 안 되는 겁니까?"

"잠수사들이 100명이 와 있으면 하루 만에 다 구조해야 하는 것 아닌

---

12. 掃海艦(소해함): 기뢰를 탐색하고 처리할 수 있는 능력을 가진 함정. 수중물체 탐색을 위한 音探(음탐) 장비를 보유.

13. 離礁(이초): 선박이 해안 등에 좌초되었을 때 해상으로 끌어내는 작업.

14. 音探士(음탐사): 수중음향탐지기(소나)를 활용하여 수중물체를 탐지 및 식별할 수 있는 능력을 보유한 전문 副士官(부사관).

가요? 그런데 도대체 왜 몇 명밖에 잠수를 하지 않는 겁니까? 이것이 최선입니까?"

"총장님은 총장님의 부하들이 죽어가는 것을 보기만 하고 최선을 다할 생각을 하지 않는 겁니까?"

듣기 거북한 말들이 오갔다. 잠수사가 많이 있다고 한꺼번에 잠수를 하지 못하는 상황이라고 설명해도 소용이 없고 돌아오는 것은 감정이 섞인 말뿐이었다. 혼란 속에서도 업무는 계속되었다. 문자정보망을 편집하고, 日誌(일지)를 재정리하고, 合參(합참)을 비롯한 상급부대와 업무연락 체계를 만들어가면서… '좀 간편하고도 신속하게 하면 좋으련만'.

현장 총책임자인 윤공용 소장의 피곤한 모습이 역력하다. 새벽에도 업무가 계속 이어지고, TV에서는 연신 사고발생 시간과 보고의 문제점, 사고원인 등에 대해서 전문가(?)의 의견들이 빗발치고 있었다.

새벽 2시가 넘어가고 있는데 총장님께서 초기 시간자료를 요구하셨다. 상황실에서는 급하게 문자정보망 초기자료를 찾아서 시간대별로 정리하면서 형광펜으로 각 시간을 표시하였다.

"상황실! 너희들은 총장이 지시했는데 도대체 뭘 하고 있는 거야! 내가 시간자료 가져오라고 한 지가 언제야! 정신들 안 차려!"

많이 화가 나신 상태였다. 사실은 문자정보망 자료 중에서도 시간대별로 알아보기 쉽게 내용을 편집하고, 형광펜으로 시간과 중요내용이 표시되도록 정리하는 작업을 쉴틈 없이 하고 있는 중이었다. 당연히 시간은 어느 정도 소요될 수밖에 없었다. 군대 특성상 참모총장님이 지시한 내용을 어떻게 정리도 안 하고 보여드릴 수 있겠는가.

"정리가 아직 되지 않았지만, 현재 상태로 보고 드려야 되겠다. 권영대! 자네가 가서 보고 드려. 아무래도 UDT 장교니까 야단은 덜 맞을 것 아닌가."

그동안 총장님의 심기가 매우 불편하여 예민해져 있으신 것 같았다. 대부분의 장교들이 문서 하나 보고하는 것을 두려워한다는 느낌이었다. 상황실에는 정보화기획실장과 총괄장교인 김세한 대령, 그 외 해군본부에서 각종 보고서를 담당하는 장교들이 꽤나 많이 와 있었는데, 보고 하나에 어려움을 겪는 것이 군대만의 특성이 될 수 있겠다는 생각도 들었다. 자료를 순서대로 정리해서 바로 총장님이 계신 사관실로 이동했다.

"필승! 총장님, 지시하신 자료 가져왔습니다. 내용이 많아서 보시기에 약간은 불편할 것 같습니다. 필요하신 부분은 재정리하겠습니다."

"권 중령, 지금은 시간과의 싸움이야. 격식 갖추고 할 때가 아니란 말이지. 아무튼 수고했고 배에 있는 나무 종류를 이용해서 艦首와 艦尾가 구별될 수 있게 모양만 만들어 와."

신경이 날카롭지만 매우 차분하게 말씀하셨다. 취임하시고 며칠 되지 않아 이렇게 심각한 상황을 맞게 되신 총장님이 다소 안쓰러워 보였다.

김세한 대령에게 지시사항을 전달하고, 함정 형태의 나무를 제작할 수 있는 보수장에게 정확한 내용을 설명해 주었다. 추가적인 일들이 눈앞에 들어왔다. 새벽이 다가오고 있지만 반드시 해야 할 일이 왜 이리 많은지….

오전의 潮汐(조석)[15]과 잠수조를 편성하고 필요한 부분을 식별했다.

---

15. 潮汐(조석): 달, 태양 등의 영향으로 수면의 높이가 달라지는 현상으로 가장 높을 때는 '高潮(고조)', 낮을 때는 '低潮(저조)'라는 용어를 사용.

함수 현장에서의 작업 – 위치부이 설치 후.

어느덧 날이 밝아오고 0600시부터 停潮(정조)[16]에 맞춘 잠수준비를 시작했다.

0700시 EOD대장 최형순 소령을, CRRC 4척과 함께 어제 식별된 艦首(함수) 위치로 보냈다.

"두 가지 미션, 위치부이 설치 후 우선 수중카메라로 절단면을 찍어오고, 무엇이라도 손에 걸리는 것을 가져올 것."

다행히 5대대 소속인 이준수 중사가 수중카메라를 가지고 있었다.

0740분경부터 1조(준위 한주호, 상사 김형준, 김정오)는 선체에 안내줄

16. 停潮(정조): 高潮(고조)와 低潮(저조) 때에 수면의 높이가 변하지 않는 시간. 즉 조류의 움직임이 거의 없어 잠수작업에 영향을 주지 않음. 수면의 높이가 변하는 시간에는 조류가 지속적으로 발생.

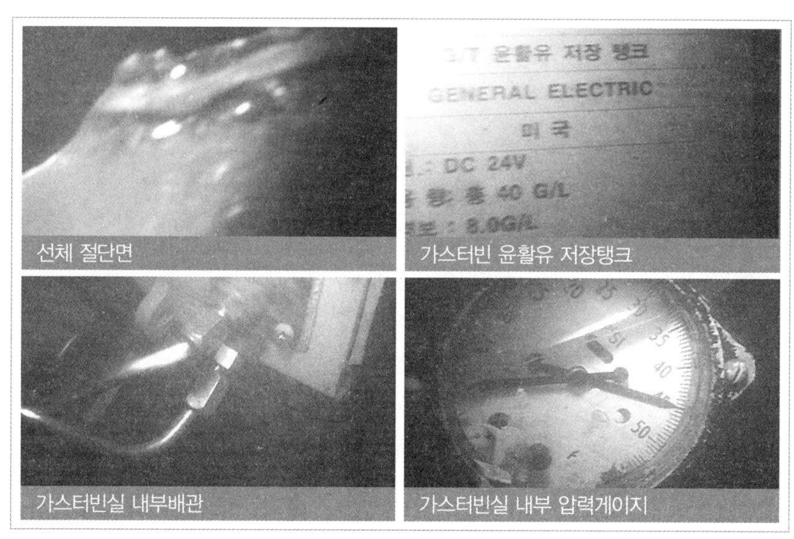

함수 선체의 절단면 수중촬영(캡처) 사진 – 화재 흔적 없음.

설치 및 이불 1개 회수, 2조(중사 이준수, 하사 김경일)는 선체 내 생존자 확인을 위한 망치 두드림, 절단면 동영상 촬영을 실시했다.

3조(상사 이준기, 하사 김수대)는 절단부위에서 함수까지 거리측정 시도를 하였고, 4조(중사 장호영, 이우강, 이상국)는 强潮流(강조류)[17)]로 잠수를 중단했다.

오후에 특전사 잠수사 30명이 도착하여 작전통제하기로 했다. 특전사 병력은 대부분 잠수능력을 보유하고 있었다. 일부는 실전 경험이 있어 필요시 활용이 가능할 것으로 보였다.

---

17. 强潮流(강조류): 高潮(고조)와 低潮(저조)의 차이가 클 때 발생, 수면의 변화가 크기 때문에 조류가 강하게 흐르게 되어 잠수작업이 불가.

특전사는 육군에서도 최강의 전투력을 가지고 있고, 전투의지만은 최고의 수준을 유지하고 있는 것을 自他(자타)가 인정하는 부대이다. 그러나 이곳은 특전사가 주로 활동하는 강이나 육지와 가까운 연안이 아니다. 특전사가 가진 능력을 비교하자면 차량을 운전하기 위한 운전면허를 취득하고 이제 운전이 어떤 것인가를 숙달시킨 정도일 것이다.

하지만 우리가 필요로 하는 것은 '카레이서'다. 생명의 위험이 따르고 고도의 전문기술이 요구되는 것이다. 따라서 간단한 탐색작업 위주로 임무를 부여하였으며 필요시 수중작업에 투입하기로 하였고 육상 해병대대에 위치시켰다.

UDT 전우회장과 예비역들이 일부 도착하여 잠수를 자청하였다. 대부분의 예비역들은 직업 자체가 잠수였다. 轉役(전역) 후 잠수기술을 활용하는 산업잠수 분야로 진출한 분들이 많았다.

직장을 잠시라도 접고 국가가 필요로 할 때 현장을 찾아주는 예비역들이 무척이나 고마웠다. '역시 UDT 정신이 어디를 가지는 않는구나' 하는 생각이 들었다. 총장님께서는 가능하면 모두가 참가할 수 있도록 조치하라는 것이었다.

결국 우리가 담당하고 있는 함수구역에서 동반 작업하기로 지시하였다.

1350분부터 2차로 소령 최형순 등 25명, CRRC 5척으로 탐색작업을 시도한 결과, 1조(준위 한주호, 상사 김정오)는 마스트[18]가 백령도 쪽으로

---

18. 마스트(Mast): 함선 중심선에서 가장 높은 기둥. 장거리를 탐지하기 위한 레이더 또는 안테나를 설치하고 신호기를 揭揚(게양)하기도.

위치한 것을 확인하고, 흘수선[19] 고압위험 선체 문자 등도 확인하고 救命環(구명환) 1개를 회수하였다.

2조(상사 김형준, 중사 이준영)는 艦首방향을 식별 후 浮上(부상)하였고, 3조(중사 류해연, 김덕규)는 艦尾방향 절단면 가스터빈 통풍기를 확인하고 복귀하였다. 통풍기는 절단면으로부터 약 1.5m밖에 떨어져 있지 않았다. 4조(중사 정연성, 손영인)는 강한 조류로 잠수중 복귀하였다.

오후 탐색조가 복귀하는 것을 확인하고 나니 갑자기 배가 고팠다. 어제 오후 5시경 식사한 후에 아무것도 먹지 못한 것이다. 승조원 식당에서 사발면 한 개를 부탁해 먹었다. 그런데 왠지 구역질이 날 정도로 속에서 받아주질 않았다. 과민 반응인가?

1950분경 저녁 잠수가 시작되었다. 소령 최형순 등 20명이 CRRC 4척으로 탐색작전을 실시했다.

1조(중사 이준수, 현성민)는 함장실 앞 左舷(좌현) 舷側(현측)도어가 열린 것까지 확인했고, 2조(중사 이우강, 손영인)가 위치부이에서 현측도어 중간까지 안내선을 설치했다. 설치중 소방호스 등 장애물이 많아 쉽지가 않았다.

3조(중사 김덕규, 김성돈)가 안내선 연장을 실시하다 강조류로 복귀하였다. 탐색 전력이 2145분경 구조지휘함에 전원 복귀하였고, 이상 유무를 상부에 보고하였다.

---

19. 흘수선: 함정이 물 위에 떠있을 때 수면과 접하는 부분. 물 속에 잠겨있는 깊이를 측정한 것이 흘수.

이준수 중사가 찍어온 동영상을 분석한 결과 절단면이 불에 탄 흔적은 없고 굉장히 날카롭게 찢어져 있었다. 보고용 동영상 편집을 박수철 대위에게 지시하고, 대원들이 있는 艦首(함수) 상륙군 침실에 들렀다.

연이은 잠수에 한주호 준위가 쓰러져 잠들어 있는 것이 눈에 들어왔다. 최형순 소령이 내일 잠수계획을 보고했는데, 역시 한주호 준위가 포함되어 있는 것이 보였다.

'적은 나이도 아닌데….'

한 준위를 빼고 고참 하사를 포함시켰다.

'하루는 쉬어야지….'

2300시경 지휘부에서 보고자료를 정신없이 정리하고 있었다. 그런데 한 준위가 잠수계획을 가지고 와서 수정사항이 있어 보고차 들렀다고 했다. 내가 지정한 하사를 빼고 한 준위 이름을 다시 넣었다.

"여기 계획된 일부 대원들은 위험합니다. 현재 수온이 3℃이고 숙달되지 않으면 큰일 납니다. 저도 워낙 추워서 세미드라이 슈트[20]를 입고 잠수합니다. 제가 들어갈 테니 걱정 마시고 부대가 큰 역할을 할 수 있도록 신경 써 주십시오."

한편으로는 걱정되면서 또 한편으로는 한 준위가 들어간다니 안심이 되는 상황이었다.

---

20. 세미드라이 슈트(Semidry suit): 잠수복의 일종, 잠수시 수온 및 잠수활동 편의성을 고려 착용하며 수온이 낮아짐에 따라 선택적으로 착용[常溫(상온): Wet suit → 中低溫(중저온): Semidry suit → 低溫(저온): Dry suit].

"괜찮겠어요? 하루는 쉬어야 되는데, 내일은 감독만 하면 되지 않겠어요?"

"아닙니다. 낮에도 갑자기 조류가 빨라져서 上昇(상승)중에 마스크가 벗겨지는 것을 보았는데 충분한 경험이 없으면 당황하게 됩니다. 어느 정도 체계가 잡히면 대원들 위주로 잠수를 시킬 테니 걱정 마시고 저한테 맡겨주십시오."

물러설 마음이 전혀 없었다. 항상 그런 식이었다. 모든 잠수훈련에서 충분히 안전한 여건이 될 때까지 본인이 직접 문제를 해결하고 그 이후에 후배들에게 자리를 내주는 것이 軍 생활의 소신인 것 같았다.

"조금이라도 이상이 있으면 즉시 올라와요, 절대 무리하지 말고…."

밤늦게 사고 현장에 독도함이 도착했음을 알려왔다. 정말로 다행스럽게 여단에서 RIB[21] 6척을 탑재시켜 보내주었다. 기동력이 향상되는 기쁜 소식이다.

---

21. RIB(Rigid-hulled Inflatable Boat): 강화고무보트, 고속단정.

3

한주호 준위의 사망

많은 혼란 속에서, 군인이라는 직업은 다른 어떠한 잡념을 없애버리는 것 같다.

주어진 임무가 아무리 위험하고 불가능에 가까워도, 막상 현장에서는 취사선택을 해야 하는 기회마저도 빼앗겨 버리는 것 같다.

이 상황은 '평시의 전쟁'이었다. 나에게 주어진 병력과 장비로 나라를 구하고, 적을 물리쳐야 하는 최전방에 있는 것이었다.

"하기가 어렵습니다!" 또는 "그렇게는 안 됩니다!"라는 답변은 이미 머릿속에 존재하질 않았다.

국민들이 보기와는 달리, 현장의 군인들에게는 '죽느냐! 사느냐!'의 기로에서 있는 전쟁터였다.

한주호 준위가 작업을 위해 준비하고 있다.

◎ 2010.3.30.(화) 맑음, 파고 1.5~2m

이명박 대통령 현장 방문 – 천안함은 내부폭발이 아님을 보고

총장님이 이틀째 지휘를 하시면서 매우 예민해지신 것 같다. 역정을 내시는 일이 잦아졌다.

편집된 동영상을 새벽 1시경 보고드렸다.

"절단면 확인 결과 그을음 흔적도 없고, 회수된 물건 자체도 탄 흔적이 없어 내부폭발은 아닌 것 같습니다."

"잘 알겠고, 지금 중요한 것은 대원들을 구하는 것이다."

그러나 현재까지는 살아있을 확률이 거의 없는 것이 너무 안타까웠다. 이어서 총장님께서 해난구조대장을 호출하였다.

“좀 힘들더라도 새벽에 들어가는 방법을 시도해 봐라.”

하지만 영하에 가까운 수온이 문제였다. 얼마 후 김진황 중령이 불가능에 가까운 여건임을 판단하고도 상황의 중대함을 인지하여 잠수작업을 추진했다. 우선적으로 해난구조대 대원들부터 함미구역을 대상으로 새벽잠수를 시도했다. 역시나 하잠중 호흡기 자체가 얼어붙어 호흡이 되질 않았다. 긴급하게 보온대책과 함께 야간에도 지속적으로 잠수할 수 있는 방안을 강구하기 시작했지만 마땅한 방안이 마련되지 않고 시간이 흘러갔다.

언론에서는 여전히 현장을 어렵게 만들었다. 공기를 넣으면 생존시간을 연장시킬 수 있다고 실종자 가족들을 자극했다.

함정에는 각종 전선과 배관들이 각 격실을 연결시키고 있어 완전방수란 없다고 봐야 한다. 결코 가능성 있는 방안이 아니었다. 그러나 지속적인 가족들의 요구에 실내 쪽에 공기를 주입하기로 결정했다.

지속적으로 작전사에 위치한 특수전 여단장에게 상황보고를 하고 아침에 있을 상황보고 자료작성에 여념이 없었고, 새벽에 허기진 배를 채우기 위해 또 하나의 사발면을 먹었다.

0750분경 停潮(정조) 시간을 고려해서 정해국 소령 등 24명, 독도함 편으로 도착한 RIB 2척과 CRRC를 출발시켰다.

현장에서 작업을 원활하게 하기 위해 탐색구조단에서 소해함을 배치시켜 주었다. 소해함에는 박수철 대위를 편승시켜 지휘부와 원활한 연락이 되도록 조치하였다. 소해함 배치에 따라서 함수구역 작업현장은 임무를 수행할 수 있는 기본틀이 완성된 느낌이었다.

0900시부터 파견나온 특전사 잠수사와 같이 탐색작업이 실시되었다.

특전사를 투입시킨 이유는 그래도 육군을 대표해서 왔는데 최소한 기본 탐색 수준의 잠수는 체험을 시켜야 하겠다는 생각이 들어서이다.

0900시부터 파견나온 특전사 잠수사와 같이 탐색작업이 실시되었다. 1조(상사 박현규, 중사 노성표)와 특전사 1조가 인근에서 동시에 잠수를 했지만 서로 안전줄이 엉켜 동시 浮上(부상)하고 말았다.

1조가 再잠수하여 함수 방향의 안내줄을 추가로 연장시켰고, 2조(중사 남기철, 이대연)와 예비역 UDT 2명, 특전사 2조가 시간 간격을 두고 각각의 하잠줄[22)]을 이용하여 잠수를 실시했다.

2조는 외부도어에서 함장실 입구까지 안내줄을 연결시키고, 예비역 UDT는 함장실 도어 입구에 위치부이를 설치하는 데 성공하였다. 하지만 특전사 2조는 강조류로 상승하면서 특별한 작업을 하지 못했다.

특전사 대원들에게는 30미터 수심에서 작업한다는 것이 아무래도 무리인 것 같아 차후 탐색작업만 하도록 조치하였다.

오전 작업이 끝날 무렵 독도함에 대통령 방문이 예정되어 있어 지휘부는 각종 상황보고 준비에 여념이 없었다. 윤공용 소장이 브리핑을 준비하였고, 나는 총장님 지시에 따라 이동수단을 마련하였다.

중식 후, 나는 총장님이 이동할 RIB를 준비하였다. 현장에는 CRRC를 이용하여 출항시키고 기상 고려 자체판단하에 조기복귀를 지시하였다. 파고는 2m 이상으로, 현장에서 작업이 거의 불가능할 것으로 생각되었다.

---

22. 하잠줄: 잠수사가 수면상에서 수중물체까지 이동할 수 있도록 설치되어 있는 충분한 강도를 포함한 로프. 수면상에는 하잠줄과 연결되어 있는 부이가 존재.

함미 램프에서 총장님 배웅차 위치하고 있었는데, 갑자기 총장님께서 "권 중령! 빨리 타!" 했다.

얼떨결에 신진석 상사가 운전하는 RIB에 편승하게 되었다. 뒷일은 정해국 소령에게 부탁하고… 독도함으로 가기 전에 구조함부터 잠깐 방문하였다. 독도함 방문 후 구조함 현장 방문이 계획되어 있다고 하였다.

높은 파도에 舷門(현문·선박의 뱃전 옆에 설치한 출입구)사다리를 올라가기는 무척 힘들었다. 대부분 의견이 구조함은 방문을 생략해야 되겠다는 것이었다. 어렵게 독도함 함미 램프에 계류하여 사관실로 이동했다. 독도함장 권혁민 선배님의 피곤한 기색이 역력했다. 긴급출항으로 급하게 현장으로 올라온 것이다.

사관실에서 기본적인 브리핑이 준비되고, 총장님께서는 답변할 내용들을 최종 체크하셨다. 현장에서 오후 탐색조가 도착하여 잠수준비중이라는 연락이 왔다. RIB 배치 여부를 확인하니, 5전단장 지시로 全 RIB를 독도함으로 이동시킨 상태였다. 무리한 잠수를 피하고 정해국 소령의 지시를 따르라는 지시를 박수철 소령에게 전했다.

아침에 충전시킨 핸드폰 배터리가 거의 남지 않아 사관 취사장에서 핸드폰을 충전시켰다. 한 번 충전에 3시간 이상을 가지 않는 것 같다. 복귀하면 핸드폰부터 바꾸어야겠다.

어느덧 헬기로 대통령 일행이 도착했다. 사관실에 나타난 일행은 TV에서 많이 보던 인물들이었다. 브리핑이 끝나고 대통령의 질문들이 이어졌다.

"船體(선체)가 어떻게 되어 있어요?"

미리 만들어놓은 모형으로 총장님께서 답변을 했는데 함수위치가 바

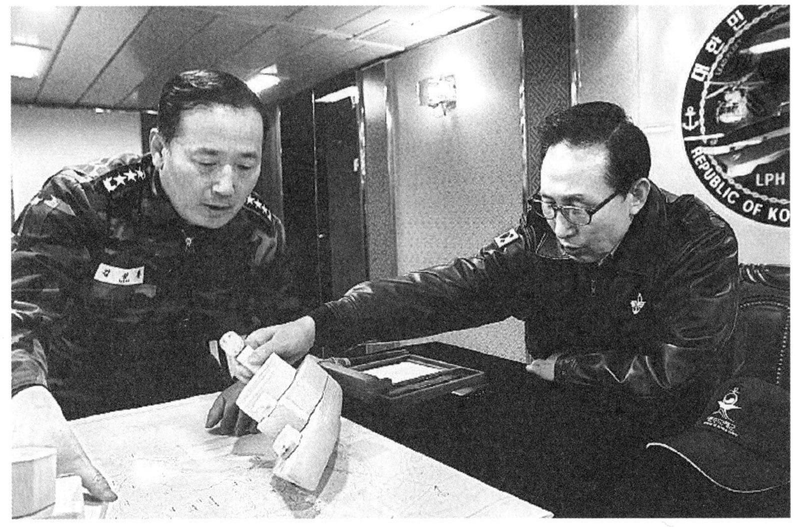

이명박 대통령, 독도함 방문 및 상황 파악.

꿔어 있었다. 함수의 마스트는 백령도를 보고 있는데 급한 마음에 거꾸로 놓여진 것이다.

"艦首(함수) 마스트가 백령도쪽 아닌가요?"

이미 많은 보고를 받고, 상황을 어느 정도 파악을 하신 상태인 것 같다.

"맞습니다. 마스트가 위쪽입니다. 그리고…."

총장님의 설명이 이어나가는 도중에, "내부에서 폭발한 것이 아닌가요? 아니면 이렇게 동강이 나겠어요? 내부에서 폭발할 소지가 충분히 있잖아요?" 하셨다.

총장님께서 아니라는 답변을 쉽게 하지 못하였고 어느덧 궁지에 몰리시는 순간이었다. 그때 나는 옆에 있던 윤공용 제독에게 급하게 말씀드렸다.

"아니라고 말씀하십시오."

"니가 말씀 드려!"

선택의 여지가 없었다.

"UDT 대대장 권영대 중령입니다. 내부폭발과 관련해서 말씀드리겠습니다. 최초 잠수시 절단면과 내부에서 불에 탄 흔적을 우선적으로 확인하였습니다. 확인 결과 절단면 부근과 근처에 있었던 모든 물건들에서 불에 타거나 그을음 자체를 발견하지 못했습니다. 결론적으로 내부폭발은 없었습니다!"

단호히 잘라서 답변을 해버렸다. 순간 분위기는 싸늘했지만 덕분에 대통령님의 송곳같은 질문의 방향이 바뀌었다.

"어떤 상황인지 절대 예단하지는 말아야 합니다. 완벽하게 식별된 다음 과학적으로 증명까지 해야 합니다."

하나하나를 신중하게 하라는 말씀이 이어졌다.

"현재 기상은 파고 2m로 구조함 이동이 불가할 것 같습니다. 구조함 방문은 취소하겠습니다."

총장님께서 기상불량에 따른 RIB 이동 취소를 건의드렸다.

"무슨 말입니까? 보트가 갈 수 있으면, 계획된 구조함 방문은 그대로 하겠습니다."

급해졌다. RIB 탑승이 매우 위험하게 느껴졌다. 함미에서 최대한 안전하게 파도의 영향을 덜 받는 직각 방향으로 RIB를 계류시켰다. 구명조끼를 착용하신 대통령께서 파도의 주기를 고려해서 순간적으로 RIB에 올라타셨다. 대단한 순발력이었다. 기타 동행한 보좌진이 각 RIB에 탑승하는 데 많은 애로를 겪었다. 모두가 파도를 맞으면서 어렵게 구조함에 도착했다.

이명박 대통령 RIB 편승, 구조함으로 이동.

구조함 사다리를 올라가는 것도 결코 쉽지 않은 과정이었다. 단 2척에 편성한 인원만 구조함에 乘艦(승함)하였고, 나머지 3척은 해상에서 대기할 수밖에 없었다. 대통령님이 구조함 도착 후 艦內(함내) 식당에 있던 실종자 가족과의 대담이 있었다. 주로 위로의 내용과 屍身(시신)이라도 꼭 찾아 달라는 내용이 오갔다. 이어서 갑판에 대기하고 있던 장병들에게는 최선을 다해 달라는 부탁의 말씀이 있었다. 다시 독도함 복귀 후 백령도를 향한 헬기가 이륙하고 나서야 한숨을 돌리면서 핸드폰을 들었다. 1500시경이었다.

"이 답답한 양반아!"

"대대장님, 문제가 있습니다. 한 명이 아직 올라오지 않았습니다."

박수철 대위의 다급한 목소리였다.

"누구야?"

순간 섬뜩함을 느끼면서 되물었다.

"한주호 준위입니다. 김형준 상사와 김정오 상사가 같이 들어갔는데 2명만 긴급 浮上(부상)했습니다. 안전 다이버가 入水(입수)하여 찾고 있는 중입니다."

머릿속이 멍해졌다. '한 준위가 오래 버티고 있나? 설마 베테랑이 무슨 일이 있겠나? 설마…설마….'

"김형준 상사는 뭐라고 했어?"

"한주호 준위가 갑자기 본인의 레귤레이터를 물었는데, 올라와 보니 안 보인다고 했습니다."

급히 RIB를 찾았다. 그러나 유류 수급차 모든 RIB는 백령도로 이동하고 있었다. 핸드폰 소리도 모터소리에 들리지 않는 것 같았다. 잠시 후 "찾았습니다. 입과 코에 거품이 있고, 의식과 호흡은 없습니다!" 다급한 박수철 대위의 보고였다.

"최대한 빨리 구조함 챔버[23)]로 이동시켜!"

급하게 지시하고 정해국 소령에게 전화를 걸었다. 전화를 받지 않았다. 할 수 없이 지휘부에 있던 이승한 소령에게 전화를 걸었다.

"상황 파악하고 있나? 구조함 챔버 협조하고 의료진 대기시킬 수 있도록 해라. 그리고 정해국 소령 찾아서 연락 좀 하라고 해!"

---

23. 챔버(Chamber): 수심에 따라 수중에서 받는 압력을 만들어 잠수병을 예방하거나 치료하기 위해서 만들어진 특수 장비.

모든 게 급해졌다. 이어서 구조함에 있는 장형진 소령에게 전화를 했다.

"형진아, 챔버하고 의료진 확인하고 준비해 줘!"

"선배님, 방금 챔버에 환자가 들어가서 현재로는 불가능합니다."

숨이 막혔다. CRRC는 구조함으로 이동 중이고, 챔버는 사용불가고… 막막했다. 여전히 정해국 소령에게서는 전화가 없고….

"선배님, 美 살보艦에 협조했습니다. 그쪽으로 가시면 될 것 같습니다!"

구세주였다. 즉시, 최형순 소령과 박수철 소령에게 전화를 걸어 美 살보함으로 이동을 지시했다. 문제는 내가 움직일 수단이 없는 것이었다. 그때 헬기가 도착했다. 海醫院長(해의원장) 김정욱 소령을 태운 헬기가 때맞춰 도착하였고, 작전사 항공과에 헬기를 타고 이동하는 것을 협조하였다. 기본적으로 총장의 승인이 필요하다는 답변이었다. 머뭇거릴 여유가 없었다. 바로 총장님 집무실에 들어갔다.

"총장님! 잠수 중 긴급환자가 발생해 헬기를 사용토록 승인해 주십시오."

"심각한 상황인가?"

"의식이 없는 상태입니다."

"바로 이동해! 필요하면 인천까지라도 이송시킬 수 있도록 조치해!"

총장님의 승인은 즉시 이루어졌고, 상황도 모르는 해의원장을 이끌고 무조건 헬기에 올라탔다.

"총장님 승인 받았으니 빨리 구조지휘함으로 이동해! 작전사는 내가 보고할 테니…."

헬기가 급하게 이륙했다. 구조지휘함에도 헬기 착륙상황을 이야기하고, 해의원장에게 상황을 설명했다. 지휘부의 김우성 중령에게도 艦尾(함미)램프에 즉시 이동 가능한 수단을 준비토록 부탁했다.

이동하는 20여 분 동안 갖가지 잡생각이 들었다. 해상에서는 CRRC가 구조함을 거쳐서 美 살보함으로 이동하는 모습도 보였다. 급하게 구조지휘함에 착륙하여 함미 램프로 곧장 이동하였다.

그런데 함미 램프에서는 정해국 소령, RIB, CRRC 그 어떤 것도 준비되어 있지 않았다. 엄청 열이 받는 순간이었다. 여유가 없었다. 옆에서 작업 중인 해난구조대 대원들에게 "총장님 지시니까, 즉시 CRRC 내려!!" 했다.

큰소리로 지시하고 진수와 동시에 美 살보함으로 이동하였다. 이동 중에 독도함장 권혁민 선배로부터, 청와대 이성환 대령에게 즉시 전화하라는 연락이 왔다. 문제는 핸드폰 배터리였다. 완전 소진된 것이다. 정말 짜증났다. 그러나 이것저것 생각할 틈이 없었다.

10여 분 만에 美 살보함에 도착했다. 챔버에는 이미 한주호 준위와 미군 군의관이 들어가 있고, 심폐소생술을 지속적으로 시행하고 있었다. 海醫院長이 미군 관계자와 내부 상태를 파악했다.

"늦은 것으로 생각됩니다. 수중에서 浮上(부상)할 당시 이미 사망한 것으로 판단됩니다." 그래도 포기할 수 없었다. 숨 막히는 시간이 흘러갔다.

"한 시간을 했는데 전혀 반응이 없습니다."

미군 관계자의 설명이었다. 해의원장 의견도 그만하는 것이 좋겠다는 것이었다.

"무슨 소리야! 일부 사례를 보면 4시간 만에도 호흡이 돌아온 경우가 있는데… 30분만 더 합시다."

현장을 보면서 믿어지질 않았다. 이어지는 30분 동안 챔버 내에서는 미

천안함 구조대원 1명 순직

李대통령 침몰현장 방문

이진명, 이유섭 기자 | 입력 : 2010.03.30 18:05:38 수정 : 2010.03.30 20:18:06

천안함 구조작업에 참여했던 해군 UDT 대원인 한주호 준위(53)가 30일 임무수행 후 의식불명에 빠졌다가 치료 도중 사망했다.

한 준위는 30일 오후 3시 30분께 함수 부위에서 작업 도중 의식불명으로 쓰러져 인근에 있던 미군 함정 '살보함'으로 이송, 1시간30분가량 '감압챔버'에서 심폐소생술을 받았으나 호전되지 않고 오후 5시께 순직했다.

한 준위는 지난 27일 작전 지원대 소속으로 백령도에 도착, 함수쪽의 인양작업을 맡았으며 29일에는 함수가 침몰된 위치를 표시한 부이를 직접 설치하기도 했다.

한 준위의 순직 소식에 가족은 망연자실했다.

30일 오후 경남 진해시 집에서 비보를 들은 부인 김말순 씨(56)는 언론과의 전화통화에서 "남편이 일요일(28일)에 올라갔는데 갈 때 얼굴도 못봤다"며 애통해 했다.

김씨는 "어제 두 번 전화를 했는데 남편이 '배에 들어갔다. 바쁘니까 내일 전화할게'라는 말이 마지막이 됐다"며 눈물을 쏟았다. 한 준위의 시신은 헬기편으로 진해로 이송돼 해양의료원에 빈소가 차려질 예정이다.

사고가 발생한 지 닷새째인 30일에도 탐색 · 구조 현장에서 실낱 같은 희망의 소식은 전달되지 않았다.

천안함 탐색작전중 UDT 한주호 준위의 사망 보도.

군의관이 땀을 흘리면서 쉬지 않고 심폐소생술을 실시하고 있었다. '정말 안 되는 것일까…' 마침내 챔버 내에서 미 군의관이 고개를 저었다. 가능성이 없다는 의미인 것이다. 해의원장 전화를 빌려서 여단장에게 상황보고를 했다.

'사망시간 : 2010년 3월 30일 1700시'

많이 억울했다. 내가 할 수 있는 것이 이것뿐인가 하는 자책감도 들었다. 뒤늦게 도착한 RIB에 한 준위의 屍身(시신)을 싣고 구조지휘함으로 향했다.

"이 답답한 양반아! 절대 무리하지 말라고 했는데, 왜 말을 안들어!"

나도 모르게 한 준위의 얼굴을 보면서 화를 내고 말았다. 구조지휘함에 헬기 대기 요청을 하고, 함정 도착시 바로 비행갑판으로 이동시켰다. 그런데 지금까지 전화연락도 안되었던 정해국 소령이 대기하고 있었다. 긴급상황을 처리하는 마음가짐이 못내 아쉬웠고, 괜한 화풀이를 정해국 소령에게 하였다. 물론 개인적으로는 사정이 있었겠지만 얼굴을 보자 큰소리가 나도 모르게 나왔다.

"정 소령이 직접 병원까지 같이 가! 장례 치를 때까지 책임지고 업무 수행해!"

초기부터 전개했던 박현규 상사와 함께 헬기편으로 인천으로, 이동중에 상부지시로 수도통합병원으로 갔다. TV에서는 'UDT 대원, 잠수중 사망'이라는 속보가 흘러나왔고, 현장 작업은 전면 중단되었다. 그러나 지휘관으로서 업무를 중단할 수는 없었다.

지금까지 상황을 종합 정리하고 문제점을 식별하였다. 현재 전개한 全대원들의 신상확인 및 全 장비의 성능을 재점검하였다. 상부에 지속적으로 상황을 보고하고, 수도통합병원에서 후속처리는 참모장에게 부탁하였다. 어느덧 밤 12시가 넘어가고 있다.

◎ 2010.3.31.(수) 맑음, 파고 2m 풍속 20kts

5명을 복귀시키다

각종 언론대응 및 보고자료 정리에 여념이 없었다. 어느덧 날은 밝아오고 또 하루가 시작되었다.

독도함 지휘부로부터 특전대대장은 지휘부에 위치하라는 지시가 왔다. 현장에 최형순 소령과 박수철 대위가 남게 되는데, 걱정이 앞선다. 장교들과 팀장들을 소집해서 독도함에 있더라도 현장지휘 개념으로 업무를 할 예정이고, 지속적인 보고를 지시했다.

10시경 독도함으로 이동하여 전반적 상황을 파악하고, 임무수행 계획을 수립했다. 지휘부의 변화가 있었다. 탐색구조단장으로 교육사령관 김정두 중장이 와 있었다. 각종 브리핑 자료와 보고자료를 정리하다 보니 또 하루가 정신없게 지나갔다.

오후에는 한주호 준위 사고시 현장에서 급상승으로 챔버 치료를 받은 김정오, 김형준 상사와 초기부터 잠수작업 및 수중촬영 임무를 수행한 5대대 이준수 중사를 상부 보고 후 고속정편으로 복귀시켰다.

사고와 관계없이 탐색임무는 계속되어야 하기 때문에 또다시 안전사고가 일어나지 않게 하기 위해 모든 것을 철저하게 확인하고 준비해야만 했다. 이번 사고를 전반적으로 합참에서 지휘하고 있고, 육군 출신인 합참의장을 이해시키기 위해서는 해군용어가 아닌 육군용어 또는 쉽게 이해할 수 있는 용어를 사용해야 하기 때문에 각종 브리핑 자료가 어색한 모양으로 작성되었다. 작전상황 보고시 합참의장이 해상상태를 쉽게 이해하지 못하기 때문에 여러 번 설명이 이어졌다. 예를 들면 '구조함이 수리중이라서….'

"고장난 것을 수리하는 것이지, 주기적으로 손보는 것은 정비란 용어가 맞는 것 아닌가?"

재차 설명을 필요로 하는 것들이 많았다. 해군 정서에서는 정기수리, 임시수리 등 모든 함정 관련해서는 '수리'라는 용어를 사용하는 것이 보편화되어 있는데, 육군은 '정비'라는 용어가 더 익숙해져 있는 것 같았다. 역시 현장을 모르고 해당 軍의 정서와 생활양식을 정확히 이해하지 못하고 지휘한다는 것은 많은 어려움을 동반할 수밖에 없는 것 같다.

◎ 2010.4.1.(목) 맑음, 파고 2~2.5m 풍속 25kts

잠 못 자도 정신은 말짱… 얼굴은 '강시'

벌써 밤 12시가 넘어가고 5일째 침대 근처를 가본 적이 없었고, 신발 한 번 벗어본 적이 없는 것 같다. 식사도 하루 한두 개의 사발면으로만 때운 것 같다. 졸리지도 않고, 오히려 정신만 말짱하다.

UDT의 기본 6개월간 교육 중에 '지옥週(주)'가 있다. 일주일간 실시되는 이 훈련은 인간의 극한에 도전하여 극복할 수 있는 능력을 키우는 과정이다. 주간에는 기본 체력단련 및 각종 전술훈련, 저녁부터 아침이 밝아올 때까지는 여지없이 선착순이다. 처음 3일 정도는 잠깐만 멈춘 동작이 있으면 나도 모르게 졸게 되어 있다. 그래서 어둠이 찾아오면 잠시 쉴 틈 없이 선착순을 시키는 것이다. 그러나 4일 정도부터는 이상하리만큼 졸리지는 않는다. 非夢似夢(비몽사몽)간을 헤매는 것 같지만 정신만은 말짱해진다. 이미 졸음과의 전투는 끝나고 생존과의 전투가 시작되는 것이다. 갑자기 지옥週가 생각났다.

'이 정도야 내가 쉽게 극복한 상황이 아닌가.'

기상이 좋아질 생각을 하지 않는다. 어느덧 지휘부의 상황실장이 되어버린 판국이다. 24시간을 상황실에 붙어 있으니 나보다 상황 흐름을 잘 아는 사람이 없었다.

UDT 전력 운영, 상부보고 및 자료작성, 상황실에서 예하 전부대 지시 임무까지 하다 보니 잠시 쉴 틈이 없었다. 또 새벽이 밝아오고 구조지휘함 및 소해함들을 避港地(피항지)에서 임무위치에 이동시키고 탐색임무를 준비하였다.

아침 브리핑시 기상과 관계없이 탐색작업을 시행하라는 합참의장의 지시가 떨어졌다. 모두가 난감해하면서 지시에 따를 수밖에 없었다.

풍속 40kts, 파고 2.5m로 기상은 더욱 악화되는 상황이었다. 구조지휘함이 임무수행 위치에 도착했고, 이어서 독도함에 있는 RIB를 강하했다.

그런데 큰 문제가 발생했다. 높은 파고에 강하중인 RIB가 손상을 받으면서 레이더를 비롯한 장비들이 파손되고, RIB에 탑승하여 분리작업을 하던 최봉식 상사가 수면상에 추락하면서 부상을 입었다. 급하게 작업을 중지하고, 환자를 의무실로 이송시키고…다행히 큰 부상은 아니었고, 상부에 작업 중지를 건의했다.

"합참과 作戰司(작전사)에 이 상황을 정확히 보고해!"

윤공용 소장이 기상불량에는 이러한 문제가 생긴다는 것을 강하게 상급부대에 표현하도록 지시했다. 즉시 합참 및 작전사에서도 작업 중지를 지시했다. RIB 손상 정도 파악과 수리계획을 수립하고, 대책을 마련하였다. 그때 독도함장 권혁민 대령의 호출이 있었다.

"기상이 불량해서 RIB를 진수하지 못할 상황이면, 상부에 건의해서 어렵다고 해야지, 왜 강행해서 나를 곤란하게 만드는 거야? 너는 뭐하는 놈이야?"

어떤 변명도 소용없겠다 하는 판단에 "죄송합니다. 제가 잘못한 것 같습니다" 했다.

합참의장이 강력하게 지시하고, 탐색구조단장의 지시에 못하겠다고 할 수 있는 상황이 아니었기 때문에 이리저리 깨질 수밖에 없구나 하는 생각이 들었다. 그런데 이상하게도 화도 나지 않고, 짜증도 나지 않는다. 다만 해야 할 일만 머릿속에 가득할 뿐이었다.

艦尾(함미) 수색이 깊은 수심으로 거의 진행되지 않고 있어, 해난구조대장과 협의해서 함수 수색시 숙련된 SSU 대원들을 일부 지원받기로 했다. 아무래도 잠수 분야는 해난구조대가 더 전문성을 가지고 있는 점을 고려했다.

오후 들어 역대 55전대장, 구조함장과 해난구조대 출신 장교들이 대거 현장지휘부에서 업무를 지원하기 시작했다. 3월 30일 독도함으로 전개했었는데 그동안 전반적 상황파악 및 전술토의를 실시했었다. 그중 이대복 대령과 정주성 중령이 나를 찾았다.

"야, 권영대! 오랜만이다. 그런데 얼굴이 살아있는 사람처럼 안보여, 너무 심한 것 같은데."

이대복 대령이 처음 한 말이었다.

"내 임무가 너를 도와주라는 것이니까, 선배라고 생각하지 말고 필요한 것은 얼마든지 지시해. 먼저 상황을 설명해줘 봐."

반갑기는 하지만 이 많은 상황을 어떻게 이해시킬 수 있는가? 무엇보다도 현재 보고서 만드는 것조차 바빠서 눈코 뜰 새가 없는데….

"선배님 우선 급한 일부터 처리하고 나중에 말씀드리겠습니다."

짧게 대답을 하고 하던 일을 계속했다. 인사조차 제대로 못하는 나를 보고는 선배님들이 슬며시 다른 곳으로 이동했다.

저녁시간이 되어 잠시 화장실 거울을 보았다. 정말 얼굴과 입술이 파랗게 되어 있어 중국영화에서 보는 '강시'를 연상케 했다. 5일째 한 번 누워

실종자 수색을 지원했던 금양호.

본 적도 없었으니…세수도 한 번 못했네….

도저히 혼자서 지휘부 업무까지 다 한다는 것은 무리였다. 지휘부에 맞는 계급구조와 여력이 있어야겠다는 생각에 여단장과 참모장에게 특임대대장 이명표 중령 展開(전개)를 건의했다. 건의는 즉시 받아들여져 이명표 중령을 탐색구조단 지휘부에, 나는 현장에만 전념하는 것으로 조치되었다.

◎ 2010.4.2.(금) 맑음, 파고 1.5m

98 금양호의 침몰

각종 상황보고 및 브리핑, 보고회의 등 정신없는 일정이 흘러가고 있다. 오늘부터는 艦首(함수) 수색작업에 해난구조대 인원을 일부 지원받기로 했다. 어느덧 날은 밝아오고 또 아침이 되었다. 오전 일찍 진해로부터 增員(증원)요원이 전개되었다. 이명표 중령과 최형순 소령을 독도함에 참모진으로 편성하고 나는 0930분경 CRRC편 구조지휘함으로 이동하였다.

앞으로는 현장에만 집중하게 되어 한결 마음이 편했다.

艦首 쪽에 팀 요원과 SSU 7명, 해상탐색을 위한 특전사 인원을 배치하였다. 오전에 총 3개 조를 투입하여 수중탐색을 실시하였으나, 위치부이를 진입이 가능한 위치로 이동시키는 작업만을 실시하였다.

오후 들어 예비역 조광현 회장님이 독도함에 편승하였다는 소식이 들려왔다. 조광현 회장님은 UDT의 代父(대부)라고도 할 수 있고 현존 해군 특수전의 산 역사와 같은 존재다. 현역에 계실 때 美 SEAL팀 교육을 다녀오신 이후 UDT를 대한민국에서 가장 강력한 특수부대로 만들기 위해서 조직을 구성하고, 교육프로그램을 정립하였다. 전역 후에도 꾸준히 후배들에게 필요한 사항들을 말씀해주시고 부대에서 필요로 할 때는 언제라도 달려오시는 열정을 가지고 있는 모습이 후배들에게 존경을 받는 이유인 것 같다. 정말 부지런한 분이신 것 같다.

오전에 작업한 상황을 종합하여 작업방향을 결정하고 오후에 2개 조를 투입하였으나 하잠줄 및 짝줄이 엉킴에 따라 별다른 성과가 없었다. 1445분경 底引網(저인망) 어선 금양호 등 10척이 해난구조대 부장 출신인 정주성 중령 통제 아래 自願(자원)해서 실종자 탐색지원에 나섰다. 그러나 제대로 작업 한번 못해보고 철수하였고, 안타깝게도 제98금양호가 어로구역 이동중 침몰하는 불상사가 생기고 말았다.

탐색구조 작전과는 관계가 없지만 안타까운 소식이었다. 저녁 들어 날씨가 점점 안 좋아져 야간에는 잠수작업을 실시하지 못했다. 종합결과 보고 및 최종 작업 상태를 확인하고, 내일 작업계획을 수립하여 최종 마무리를 했다.

2

천안함 인양

1
국면 전환(人命구조 → 선체 인양)

천안함이 침몰한 지 만 9일 만에, 艦尾(함미) 구역에서 故 남기훈 상사의 시신이 발견되었다.

사람이 바닷속으로 빠지게 되면 과연 얼마나 살 수 있을까? 사실, 바다에서 생활하거나 어느 정도의 경험이 있다면 물 속에서 얼마나 생존할 수 있는지 개략적으로라도 알고 있을 것이다. 과학적인 근거로는, 매우 복잡한 변수가 적용되고, 수학자들이나 하는 수식과 공식들에 의해 정답이 산출될 수 있을 것이다. 그러나, 우리 바다 사람들에게는 매우 쉬운 문제다.

정답은 매우 짧거나, 물 속으로 들어가는 순간 생존 확률은 거의 없다!! 일 것이다. 즉 경험에서 나도 모르게 느끼는 것이다. 그럼에도 세상에서 '기적'이라는 것이 있다고 믿기에, 모든 사람이 그만 하라고 할 때까지 하는 것이다.

◎ 2010.4.3.(토) 맑음, 파고 1~1.5m

故 남기훈 상사 발견과 국면 전환

오전에 해난구조대 지원 인원을 포함한 잠수조를 편성하고, 각 경험자들의 의견을 종합해 시뮬레이션을 하듯 토의와 가상 상황을 두고 연습을 실시하였다. 짝줄 길이 등 아주 세부적인 사항까지 공유하는 시간을 가졌다.

사실 해난구조대와 UDT는 잠수라는 공통점을 가지고 있다. 그러나 잠수는 수중에서 활동하기 위한 기초적인 사항이지 기본 개념 자체는 완전히 다르다고 할 수 있다. UDT는 기본 잠수능력을 갖춘 이후 수중침투를 위한 수평잠수 개념으로 발전을 시킨다. 다시 말해서 수심의 중요성보다 적에게 발견되지 않게 수중으로 이동하는 능력이 필요한 것이다. SSU는 수직잠수 즉 깊은 수심에서 작업 능력을 보유하기 위한 전술로 발전시켜 나가는 것이다.

장비 측면에서도 차이가 많다. UDT의 경우 다소 위험을 감수하더라도 은밀한 침투가 가능한 장비가 필수적이지만 SSU는 深海(심해)에서 안전이 최우선되는 장비가 고려된다. 토의를 하면서 서로의 차이점을 많이 인식하고 가장 효과적인 방법을 적용하기 위한 노력이 계속되었다.

조류관계로 12시가 다 되어서야 작업이 시작되었다. 현장 책임자로는 김대훈 소령이 전개하였고, 종합 상황보고에는 박수철 대위를 배치시켰다.

1조(장호영 상사, 김성돈 중사)가 함장실 통로입구 확인 및 탐색 작업을 하였으나 소화호스 등 부유물이 많아 실종자를 발견치 못하였다. 선체 내

천안함 실종자 남기훈 상사, 첫 시신 발견

기사입력 2010-04-03 20:59 장인수 기자 목록 | 인쇄

◀ANC▶

천안함 함미 수색중 故 남기훈 상사 발견 보도.

에서는 어느 정도 예상을 했지만 각종 물품들이 내부 진입을 심하게 방해하고 있었다.

2조(해구대 2명)가 함장실 입구 쪽으로 진입하여 통신실 탐색을 실시하였으며, 3조(현성민 중사, 윤대준 중사)가 左舷(좌현) 함수 출입문을 개방하여 진입로를 개척하였다. 아쉽게도 실종자는 발견하지 못했으나 작업의 속도는 본격적으로 빨라진 느낌이었다.

저녁 潮汐(조석)시간 고려 1800시경부터 다시 탐색작업이 실시되었다. 1720분경 김대훈 소령을 현장책임자로 RIB 1척과 CRRC 2척을 출발시켰다. 총 3개 조가 잠수를 실시하였으며, 침몰 함수 좌현 출입구에서 각종 구조물과 장애물로 쉽게 진입을 하지 못했지만, 이제 내부 실종자 수색은 시간과의 싸움이었다.

1800시경 불행 중 다행인지는 몰라도 艦尾(함미) 작업위치에서 시신 1구(故 남기훈 상사)가 발견되었다는 소식이 들려왔다. 남기훈 상사라는 것은 TV에서 영상과 함께 먼저 발표되었다.

선체 외부에서 케이블과 엉켜있는 시신을 발견했다는 것이다. 실종자 가족의 충격이 있을 것 같았다. 1845분경 저녁작업을 종료하였다.

상황은 급변하여 2230분경 실종자 가족 요청으로 탐색 및 구조작전이 종료되고, 인양작전으로 전환하라는 지시가 내려왔다. 저녁을 먹고 오랜만에 침실을 찾았다. 거의 일주일 만에 침대에 누워보는 시간이었다.

◎ 2010.4.4.(일) 맑음, 파고 2m 풍속 20kts

한주호 준위 영결식

아침부터 해상 날씨가 좋지 않다. 일기예보도 좋은 날씨가 아니라고 한다. 인양작전으로 전환은 되었지만 별도의 지시가 없어 해상상태를 보고 보트를 내릴 수 있는가 확인하고, 일단은 가능하다는 판단에 0830분경 작업팀을 출발시켰다.

그러나 0900시경 상부에서 기상불량 및 인양작전 전환에 따라 작업을 전면 중단한다는 지시가 내려왔다. 차후 일정에 대해서는 명확한 내용이 없어 각종 예상되는 후속조치에 대한 준비를 하기 시작하였다.

오늘 1000시에는 수도통합병원에서 故(고) 한주호 준위 영결식이 있었다. 海軍葬(해군장)으로 치러졌다. 현장 대원들을 제외하고 대부분의 부대원들이 영결식에 참가했다. 실질적으로 현장 작전을 같이 했던 대원들

故 한주호 준위

– 1957년 9월 8일 서울에서 태어나 수도전기공고를 졸업했다.
– 1975년 2월 해군 부사관으로 입대, 5월 UDT에 지원(특수전 22기)
– 2000년 8월 준위로 임관, 2012년 10월 전역 예정이었음.
– 1982년 결혼(김말순 여사) 후 슬하에 1남 1녀를 둠.
– 주요 근무경력
 · 수중파괴대 부소대장 및 SEAL 작전팀장(76년~86년)
 · 특수전 교육훈련대 교관(86년~06년)
* 약 20년간 2000여 명의 특전요원 양성(육군, 해병대 포함)
* 현재 현역에 있는 장교 및 부사관 대부분이 한주호 준위에게서 교육을 받았다고 해도 과언이 아님.
 · 특수임무대대 지원반장(07년~09년)
* 말레이시아 파병(07년)
* 청해부대 1진 파병(09년)
 · 작전지원대 작전관(10년~)
– 국무총리 · 국방부장관 표창, 유엔평화유지활동기장 등 다수 상훈 및 특수전 고급과정 수석 수료

이 참석해야겠지만 현장을 놔두고 간다는 것은 불가한 사항이었다. 따라서 탐색구조단에서는 각 함정 비행갑판에서 의식을 진행하라고 지시를 했다.

'한주호 준위'의 죽음을 보며 슬픔보다는 안타까움이 더했다. 나뿐만 아니라 UDT를 아는 모든 사람은 마찬가지일 것이다.

비행갑판에서 의식을 준비하는 동안 구조지휘함으로 이명표 중령이 방문하였다.

민간 인양크레인 '삼아 2200' 현장 전개.

대원 총원을 집합시켜 차후 작업시 고려사항 등을 교육하고, 안전을 당부하였다. 약간은 의외였다. 아무런 사전 협조도 없이 작업관련 사항에 대한 지시를 하다니… 그런데 금방 의문은 풀렸다. 이명표 중령이 여단에 건의하여 나와 최초 전개자 일부를 복귀시키고, 본인이 현장지휘까지 겸직하겠다고 하였고, 여단에서는 승인한 상태였다.

일언반구도 없는 상태라 다소 기분이 묘했다. 참모장에게 전화하니 "네가 힘들다고 했기 때문에 복귀시켜 주는 거야…" 했다.

그런 것이 아니라 탐색구조단 참모와 현장지휘를 동시에 하는 것이 힘들다는 것인데….

아무튼 '아쉽지만 이제 가게 되는구나' 하는 생각에 지금까지 함께 했던 김세한 대령과 지휘부, 상황실 요원들에게 일일이 핸드폰 문자로 부대

복귀 및 먼저 가서 미안함을 알렸다.

사고 현장에서는 본격적으로 인양작전을 위한 절차들이 진행되고 있었다. 민간 인양크레인인 '삼아 2200호'가 1340분경 함미 위치에 錨泊(묘박)을 하고 작업준비를 했다.

저녁에는 짐을 챙기고, 상황일지 및 각종 서류들을 정리하여 인계서를 만들고… 바쁜 시간들이 흘러 어느덧 또 밤 12시가 지나갔다.

◎ 2010.4.5.(월) 맑음, 파고 1m 풍속 15kts

소말리아 해적으로 상황 변화

어제와 달리 해상날씨가 좋았다. 나를 포함하여 총 20명의 인원이 백령도에서 CH-47을 타고 복귀할 예정이었다. 구조지휘함 함장에게도 "마지막까지 수고해라. 진해에서 보자. 파이팅!!" 격려의 이야기를 하고 굳게 악수를 했다.

0830분경 1차로 RIB와 CRRC에 일부 대원들과 개인 짐을 보내고, 2차로 인원만 이송을 시켰다.

그런데, 0900시경 급하게 핸드폰으로 지휘부에서 연락이 왔다. 지금 즉시 구조지휘 잔류자 포함 독도함으로 이동하라는 것이었다. 도저히 이해가 되질 않았다. 복귀신고까지 끝나고 짐까지 이동시켰는데….

0930분경 일단은 대원들에게 지시하고 독도함으로 이동했다. 독도함에서는 이명표 중령이 짐을 싸고 출발 대기중이었다. 사유는 소말리아 해적에게 '삼호드림호'가 피랍되어 특임대대장의 복귀지시가 海本(해본)에서

삼호 드림호 피랍 해역에 이순신함 급파

입력 2010-04-05 13:29:49 | 수정 2010-05-20 10:43:58

정부는 삼호 드림호가 피랍된 인도양 해역에 소말리아 아덴만 해역에서 작전중인 청해부대 이순신함을 급파했다.

삼호드림호가 피랍된 인도양 해상은 청해부대의 이순신함이 해상 경계작전을 수행중인 소말리아 아덴만 해역에서 1500km 떨어진 곳이다.

소말리아 해적에 의한 삼호드림호 피랍 보도.

떨어진 것이었다. 소말리아 해역에서 어선 또는 상선 피랍시 청해부대에 파병되어 있는 특수전 요원들이 자동적으로 인질구출 임무를 준비한다. 특수임무 대대장은 인질구출 작전을 할 수 있는 대원들의 총 책임자로 유사시 현장에 투입될 수도 있는 상황이고, 필수적으로 상급부대 지휘관을 보좌해야 하는 임무를 가지고 있었기 때문에 부대복귀는 선택의 여지가 없었다.

상황이 복잡해졌다. 급하게 개인 짐을 독도함으로 이송시키고, 停潮(정조) 시간에 맞춰 탐색작업을 준비해야 했다. 상황은 민간업체에 의해 바삐 움직이고 있었다.

0700시경 함미구역에 민간크레인인 '유성호'가 추가 전개되었고, 함수구역에는 '중앙호'가 위치하였고 각각의 작업바지도 현장에 도착했다.

천안함 함수 침몰구역에 위치한 크레인 작업선 '중앙호'.

1200시경부터 오후 탐색이 시작되었고, 민간잠수사가 함미와 함수구역에서 인양을 위한 잠수작업을 실시하였다. 이명표 중령은 1230분경 독도함을 이탈하여 복귀했다. 나는 또다시 탐색구조단 참모업무를 겸하게 되었다. 최형순 소령 등 보좌하는 대원들이 남게 된 것이 위안이라면 위안이었다.

이미 전개해 있었던 미군과도 원활한 협조가 추진되었다. 괌에서 전개한 美 EOD가 독도함을 방문하여 1600시경 연합 탐색협조 회의도 가졌다. 그동안 호흡을 같이한 미 EOD라서 의사소통은 잘되는 편이었다. 다만 안전작업 절차에 대해서 너무 원리원칙을 따지는 것이 문제였는데, 결론적으로 한미 별도로 각자의 접촉물을 식별하기로 하였다.

◎ 2010.4.6.(화) 맑음, 파고 2~2.5m 풍속 25kts

천안함 폭침 증거물을 찾아라!

기상이 갑자기 악화되었다. 민간잠수사도 더 이상 작업을 하지 못하고, 비교적 소형인 작업크레인(유성호, 중앙호)과 바지(태준호, 월미호)마저도 대청도 근해로 避港(피항)을 시켰다.

불량한 기상 덕분에 다소의 여유가 생겼다. 그동안 소해함에서 접촉한 각종 수중 물체를 찾는 것이 이어지는 우리의 임무다. 무엇보다도 천안함을 침몰시킨 결정적 증거를 찾기 위한 노력이 시작되는 것이다. 무엇이 있는지는 몰라도 찾다보면 뭐라도 나오지 않을까?

0730분경부터 美 EOD와 연합탐색회의를 실시하였다. 미군은 사이드 스캔 소나(SSS)로 수중 물체를 구별할 수 있다고 하여 시험해보자고 약속을 하였다.

최형순 소령과 박현규 상사가 美 살보함으로 이동하여 영상자료를 확인했지만 기상 불량에 따라 영상이 판독되지 않았고, 차후 기상 호전시 再(재)시도하기로 하였다.

저녁을 먹고 탐색구조단장 주관으로 작전회의를 실시하였다. 민간에 의한 인양작업 추진 사항이 주로 토의되었고, 우리는 EOD를 이용한 수중물체 확인 임무가 주임무로 전환되었다. 민간잠수사가 작업을 하는 동안 혹시나 屍身(시신)이 유실될지 모르기 때문에 해상탐색 계획도 수립되었다.

각종 상황 브리핑이 많아졌다. 언론에서는 지속적으로 사고원인과 軍

(군)의 잘못에 대해 질타하였고, 대부분의 답변내용은 현장에서 만들어질 수밖에 없었다.

合參(합참) 주관 보고회의 및 작전사 회의 포함 0600시부터 각종 회의가 이어지고, 회의 안건 작성과 보고서 작성 등… 정말 정신이 없다.

◎ 2010.4.7.(수) 맑음, 파고 1.5~2m 풍속 15kts

한주호 준위 '다른 곳에서 숨졌다' KBS 오보

아침부터 연합사령관 및 주한 미 대사 방문에 대비하여 덤불에서 도열 연습을 하는 등 바쁜 일정이 진행되었다. 1000시 연합사령관과 주한 미 대사가 방문하여 브리핑을 청취하고 대원들을 격려했다.

1200시경 김대훈 소령 등 3명이 韓美(한미) 연합 EOD 탐색작전 협조차 美 살보함으로 이동하였고, 1400시경 최형순 소령 등 21명이 한미 연합 함수구역 탐색차 이동하였다. 소해함에서는 지속적으로 수중 접촉물을 식별하여 지휘부에 보고하였다. 이제부터는 함정 구조물 등 각종 원인이 될 수 있는 증거물을 찾는 것이 주목적이었다.

대원들 출발과 동시에 잔류 병력을 활용하여 독도함에 副食(부식) 공급 작업을 지원하였다. 독도함이 긴급 출항하는 관계로 부식이 많이 부족하였고, 고속정 편으로 다량의 부식이 조달된 상황이었다.

원활한 보고를 위하여 현장에 있는 고령함에 박수철 대위를 편승시켰고, 1600시경 잠수조(임준동, 김수대 중사)가 접촉물 확인차 잠수를 실시하였다. 잠수방법은 소해함에서 EOD를 유도하여 정확한 위치를 찾는 식

주한 美 대사 및 연합사령관, 격려 방문.

이었다. 약 10분 후 잠수조가 '로프가 엉켜있는 철망'을 확인하였다. 전혀 기대에 부응하지 못하는 결과였다.

저녁을 먹는 시간에 뜻밖의 언론보도가 있었다. KBS에서 단독보도로 한주호 준위가 제3의 浮漂(부표), 즉 '다른 곳에서 숨졌다'라는 엉터리 내용이 발표된 것이다. 해도 너무 한다는 생각이 들었다. 당일 작업현장에는 작업인원뿐만 아니라 특전사 병력, 소해함, 해병대원들이 함께 있었고, 사고 직전에 어선을 타고 언론사들도 함께 있었는데 이해가 되질 않았다.

아무리 특종이 언론사에게는 중요하다고 하지만 현장상황을 정확히 확인도 해보지 않고 이렇게 全 국민의 오해를 받을 만한 발표를 해버린다면, 현장에서 생명을 담보로 작전을 수행하는 대원들에게 끼치는 영향이 얼마나 크고 사기가 극도로 저하된다는 것을 모르는 것일까? 너무나도 아쉬운 사항이다.

2000시경 야간탐색차 2개 잠수팀이 각각 소해함 2척에 편승하여 이동

한주호 준위 사망 장소에 대한 KBS의 오보.

하였다. 이번에는 잠수조(이영만 중사, 박지욱 하사)가 발판이 2개가 붙어 있는 천안함 계단을 확인하고 인양하였다. 나머지 한 개 접촉물은 강한 조류로 탐색이 불가하여, 2240분경 전원을 독도함에 복귀시켰다.

소해함은 수없이 수중 접촉물을 찍어내고 있고, 모든 접촉물을 식별하려면 많은 시간이 걸릴 수밖에 없는 상황에서 長期(장기)작전을 준비해야겠다는 생각이 든다.

2

수중에서 찾아라! (무엇을?)

천안함의 인양 작업과 더불어 해저에서 무엇인가를 찾아야만 하는 시간들이 시작되었다. 굳이 말하자면 '증거물!'이다. 형태와 크기는 알 수도 없고, 알려주는 곳도 없다. 다만, 최악의 경우 '손톱만한 크기'인 것으로 생각될 뿐이다. 과학적 근거자료를 위해서, 그리고 비록 조각일지라도 해군의 귀중한 자산이기 때문에 해저에서 식별되는 쇳조각은 모두 찾기로 하였다.

◎ 2010.4.8.(목) 맑음, 파고 1.5~2m

수중 접촉물 확인 작업 집중 – 증거물은 있을까?

민간잠수사들이 艦首(함수)와 艦尾(함미) 인양 사전 작업을 하는 동안 우리는 소해함 수중 접촉물 식별 작업에 집중하고 있다. 특히 미 EOD와 적극 협조하여 성과를 내기 위해 최선을 다하고 있다.

평소 EOD 요원들은 美 EOD 부대와 정기 연합훈련을 포함하여 3~4회의 전술훈련을 실시한다. 全 세계를 대상으로 하는 미 EOD 부대의 규모는 생각보다 매우 크다. 세계 각 곳에 환경에 부합되는 조직을 구성해놓고 전문 연구소 수준의 조직까지 보유하고 있다. 우리 EOD는 주기적인 연합훈련을 통해서 선진기술을 꾸준히 전수받고 있는 것이다. 그러나 한국인의 투지라고 할까, 우리 EOD는 첨단장비는 갖추지 못했지만 신속하게 임무를 처리하는 능력은 타고났다. 안전을 최우선시하는 미 EOD에 비해 부족한 장비로도 임무수행을 하는 능력은 크게 차이나지 않는다. 가끔은 미 EOD에서도 신속정확하게 임무를 수행하는 절차를 배워갈 정도로 정평이 나 있다고 할 수 있다.

0925분경 미 EOD대원을 포함하여 최형순 소령 등 23명이 현장에 투입되었고, 현성민 중사가 연합탐색차 살보함으로 이동하였다.

오전에 천안함의 기관실 플레이트로 추정되는 철물을 인양하였다. 주로 수중에서 소해함이 EOD를 유도하여 機雷(기뢰)를 찾는 방법이 적용되고 있다. 그동안 훈련이 색다르게 사용되고 있는 것이다. 소해함은 두 척이 협동으로 작전을 실시하였으며, 소해함에 편승한 잠수조는 별다른 접촉물을 확인하지 못했고, 분석 결과 음탐시 반향파의 영향으로 확인되었다.

그동안 소해함에서는 수많은 수중 접촉물의 위치를 제공했다. 이 많은 접촉물을 직접 수중에서 확인해야 하는 작업이 지속될 수밖에 없었다. 대부분이 원인규명과 무관한 물체들로 식별되어 다소 의지가 약화되는 이유가 된다는 느낌이다. 그러나 누구 한 명 불평하는 대원은 없다.

1450분경 民軍 합동조사단(합참 군수부장 등)이 사고원인 규명 및 향후대책 논의차 독도함을 방문하였다. 합참 軍需(군수) 차원에서 현상황을 파악하고 군수분야의 어떤 추가 지원 사항이 있는지 토의를 실시했다. 여러 가지 현장의 애로점을 이야기했고 대부분을 지원하기로 약속하고 1530분경 독도함을 이탈하였다.

◎ 2010.4.9.(금) 맑음, 파고 1.5m

한주호 준위 사망위치 오보에 따른 KBS 사장 사과

오전부터 잠수작업 2개 조가 소해함 2척에 각각 편승하여 작업을 시작했다. 총 3회 잠수를 실시하여 수중 접촉물을 확인했지만 전부 단순 콘크리트로 식별되어 성과 없는 날이 되고 말았다.

오늘은 1110분경 국방부 차관 및 한국방송협회 임원단이 방문하여 구조작전 현황청취 및 격려를 해주었다.

특히 일전에 한주호 준위 사망위치를 허위로 방송한 KBS 사장을 만났는데, 처음에는 심각하게 따져야겠다는 생각을 했었다. 그러나 상황실에 오자마자 KBS 사장이 나를 찾았다.

"정말 죄송합니다. 제 아들도 UDT병으로 수료했기 때문에 누구보다도 UDT에 애착이 많습니다. 그렇지만 요즈음 젊은 기자들은 통제가 되질 않습니다. 제가 관여할 기회도 없이 어처구니없는 방송이 나가게 되어 정말 죄송하고, 현재 그 기자는 백령도에서 철수 조치하였습니다."

방송협회 임원진 백령도 사고해역 방문

기사입력 2010-04-09 20:41 권재홍 앵커

목록 | 인쇄

김인규 KBS 사장, 김재철 MBC 사장을 비롯한 한국방송협회 임원진은 오늘 백령도 사고해역을 찾아 관계자들을 위로하고 천안함의 조속한 인양을 위해 더욱 힘써줄 것을 당부했습니다.

방송협회 임원진은 이어 해병 6여단을 방문해 서해5도 수호에 최선을 다해줄 것을 당부하고 6여단과 독도함에 각각 위문금을 전달했습니다.

언론사 사장을 포함한 한국방송협회 임원진 격려 방문.

할 말이 없었다. 대부분의 언론사 대표들은 현장에서 고생하는 대원들에게 도움이 되었으면 좋겠다는 반응들이었다. 그러나 현실적으로 언론이라는 것이 언론사 사장이라고 해도 어느 개인의 의지만으로 통제되지 않기 때문에 보도 자체가 우리가 원하는 방향으로 이끌어지기가 쉽지는 않을 것이다. 이러한 사항을 잘 알고 있으면서도 많은 아쉬움을 토로했다.

1420분경에는 기무사령관 일행이 독도함을 방문하여 현황청취 및 상황파악을 하였다. 저녁에 순찰중 대원들이 많이 지쳐 하는 기색이 보인다. 사기를 올릴 수 있는 방법을 찾아야겠다는 생각이 든다. 격려의 이야기를 해주고 편히 쉬라고 했다. 보급에서는 특별 夜食(야식)을 지급하고 있는데 특히 오리훈제는 먹을 만했다. 언제까지 이어지려나….

KBS 보도에 대해 파장이 확산되자 군 당국은 "명백한 오보"라며 수습에 나섰다. 군 관계자는 8일 "고 한주호 준위가 천안함 함수 침몰지역이 아닌 다른 지역에서 잠수임무를 수행하다 숨졌다는 KBS의 오보 보도에 대해 가슴 아픔을 넘어 허무함이 느껴진다"며 "함께 구조활동을 벌인 6명 전우의 증언을 사전에 알렸음에도 불구하고 KBS가 오보 보도를 강행했다"고 주장했다.

군 당국은 또 "KBS가 의도적으로 UDT 대원의 인터뷰 장면을 편집했다"며 "해당 UDT동지회에서 항의를 할 예정"이라고 반박했다.

▲ KBS는 8일 <"함수 부분에서 잠수"> 에서 전날 KBS 보도에 대해 해군이 사실과 다르다고 밝혀왔다고 앵커 멘트로 처리했다.

한주호 준위 작업위치 오보에 대한 해군의 해명 보도.

◎ 2010.4.10.(토) 맑음, 파고 1m 시정 500yds

피로감 누적

오늘도 총 3개 조의 잠수작업이 있었다. 3개 조 총원이 특별한 접촉물을 발견치 못하고 上昇(상승)했다. 아무래도 音探(음탐)의 정밀도가 미흡한 것 같다. 실제로 해저까지 들어가 보면 지형적인 영향에 따라 허위 접촉물로 식별되는 경우도 있고, 단순 통발 등으로 식별되는 경우가 허다한 것 같다. 視程(시정)이 좋지 않아 안전을 당부하고 지속적으로 대원들 상태를 관찰했다.

피로감이 누적되는 것이 눈에 보일 지경이다. 저녁 식사 후에 대원들 총원을 회의실에 집합시켰다.

연합뉴스

軍, 침몰 함정 함수에 위치표식 부착(종합)

기사입력 2010-03-28 21:08 | 최종수정 2010-03-28 21:20 | 140 | 추천해요

수색작업하는 군 장병 (백령도=연합뉴스) 안정원 기자 = 28일 해군 초계함 천안함 침몰 현장인 백령도 해상에서 해군 장병들이 구조함과 함께 수색작업을 하고있다. 2010.3.28 jeong@yna.co.kr

천안함 함수 선체 발견 언론 보도.

"현 여건이 힘들거나 몸이 불편해서 부대로 복귀하고 싶은 대원들 있는가? 있으면 망설이지 말고 이야기해 봐."

"힘들기보다는 성과가 거의 없다시피 하니까 의욕이 많이 떨어지는 것 같습니다."

EOD 대장 최형순 소령이 대답했다.

"주어진 여건이나 집행하는 절차 등에 대해서 의문이 있거나, 현장에서 작업을 하면서 개선해야 하는 사항 등 하사들 포함 개인의견을 자유롭게 이야기해 보기 바란다. 지휘관인 내가 지시하는 것이 모두 정답은 아니니까 엉뚱한 것도 좋으니까 의견을 들어보자."

"사실 경험이 부족한 하사들의 경우 수중에 들어가는 것을 많이 두려워합니다. 수심이 30m이지만 실질적으로 타고 들어가야 하는 하잠줄 전체 길이는 약 50m에 달하고, 수심 3m만 지나면 암흑 속에서 끝없이 내려가야 하는데, 가끔은 귀신이 보이기도 하고…."

현성민 중사가 농담 식으로 이야기했지만 충분히 이해가 가는 사항이었다. 나도 중대장 때 야간 심해잠수를 하면서 암흑 속에서 마치 지옥을 간다는 생각이 들 정도로 섬뜩함을 느낀 적이 있었다. 보통 심해잠수 훈련 수심이 30m 수준이지만 100m 이상을 내려가는 느낌이 들고, 또한 왜 그렇게도 싸늘한지 경험한 사람만이 이해할 수 있을 것이다.

"우리가 항상 겪는 일이고 누가 대신 해줄 수 없는 일이라는 것은 여러분도 잘 알 것이다. 아마 내가 무슨 말을 하려는지 모르는 사람은 없을 것이라 생각된다. 지금 우리에게는 혼자만이 아니라 옆에 戰友(전우)들이 항상 있다는 것이 얼마나 다행인가. 임무가 종료되는 순간 아쉬움은 없어야 되지 않겠어? 모두 힘내자."

다시 한 번 정신교육 강화 교육을 하고 대책 마련에 고민이다. 민간업체는 침몰 선체에 체인설치 및 인양준비에 여념이 없다. 큰 문제점이 없으면 早期(조기)에 종료될 수 있다는 기대감도 든다.

◎ 2010.4.11.(일) 맑음, 파고 1m

한나라당 정몽준 대표 등 7명 방문

潮汐(조석) 고려 아침 일찍부터 작업을 시작했다. 0650분 최형순 소령 등 12명이 현장에 도착하여 수중 접촉물을 확인 결과 일반 통발로 확인되었다.

정몽준 한나라당 대표 및 국회의원, 현장 격려 방문.

오전중 한나라당 정몽준 대표 등 국회의원을 RIB 이용 백령도에서 독도함으로 이송 지원하였고, 1313분경 오후 작업조가 수중 접촉물을 확인하였으나, 콘크리트 구조물로 확인되어 다소 실망하였다.

또한 세 번째 잠수조가 다른 접촉물을 확인하였으나 역시 잔해물이 아닌 단순 암반으로 식별되었다. 지속적인 잠수 작업에도 불구하고 별다른 성과가 없어 대원들 모두 피곤한 기색이 역력했다. 소해함에서 좀더 정밀한 탐색이 되었으면 좋겠다는 생각이 들었다.

작업과는 별도로 상황실에서는 한나라당 국회의원을 대상으로 탐색구조 과정에 대한 절차 및 경과를 브리핑하였다. 국가적으로 워낙 중대한 사항이라서 국회의원들의 질문도 많아졌다. 특히 세부 절차에 대한 의문과 그동안 언론을 통해 발표되었던 사항들에 대해서 질문이 이어졌다. 그 가운데 탐색구조단장 부가설명 과정에서 정몽준 한나라당 대표가 물었다.

"언론에서 보도된 사항과 조금은 다른 것 같은데요."

"대표님, 아직도 언론을 믿으십니까?"

탐색구조단장이 유머 조로 답변하셨다.

참석한 모든 사람들이 한바탕 웃기는 하였지만 실제 현장에서 일어나는 상황들이 언론 보도와 일치하지 않는 것이 상당수가 있었고, 잘못 이해되는 사항도 많은 것 같다. 좀 더 상황을 완전히 이해하는 전문가가 언론에도 필요한 것 같다.

국회의원들은 1253분경 독도함을 이탈하여 백령도로 돌아갔다. 저녁에 대원들에 대해서 다시 한 번 임무의 중요성과 강인한 정신력을 요구하는 간담회를 실시하였다.

3

천안함 艦尾/艦首 인양

艦尾(함미) 선체가 수면 밖으로 모습을 드러냈다. 입에서 '처참하다!'라는 말이 저절로 나왔다. 각종 언론과 상부 보고 과정에서 말썽이 있기도 하였지만, 민간 크레인과 잠수부들의 용감한 노력에 의해서 인양작업은 성공적으로 이루어졌다.

다만, 함미 선체 인양으로 인한 받침대의 붕괴 등 우여곡절을 겪었지만, 큰 무리 없이 계획대로 진행되었다. 함미 선체 '폭발물 안전 확인'을 위해 크레인에 매달려 있는 선체에 올랐을 때, 결코 봐서는 안 될 모습을 본 것 같다.

지금이 전쟁 중은 아닌데….

◎ 2010.4.12.(월) 맑음, 파고 1m

艦尾 이동

오늘은 오랜만에 병력교대를 실시하였다. 총 14명을 교대시켰으며, 두 번째 전개하는 인원도 일부 있었다.

오전부터 미 EOD와 협조 하에 전반적 작업의 효율성에 대해서 토의하였고, 오후부터 기상 불량이 예상됨에 따라 탐색구조단에서 실종자 가족 동의하에 현재, 체인이 걸려 있는 艦尾(함미) 선체를 좀더 안전한 低(저) 수심으로 이동시키는 작업을 추진하였다.

1520분 全(전) 세력이 艦尾 선체 이동 지원차 현장에 출동하였다. 1540분 함미 선체를 수면상까지 인양하여 유실방지를 위한 그물망을 덮고 약 5200야드를 이동시켰는데 수심은 약 10m로 차후 작업이 용이할 정도의 위치였다.

함미 선체를 이동시키는 이유

① 현장 잔류시 사리기간이 지속되어 조류속도가 빨라지기 때문에 향후 일주일 정도는 작업이 곤란한 상황이 도래함.
② 풍랑주의보 발효에 따라 현위치에 있을 경우, 체인이 구조물과 꼬일 가능성이 있음.
· 얕은 곳으로 이동시 풍속과 파고가 낮고 수심이 얕으므로 선체와 結索線(결색선)의 움직임을 최소화시킬 수 있음.
③ 수심이 낮은 곳으로 이동시 유리한 조건하에서 차후 작전(인양작업) 수행이 용이함.
· 잠수사 수중작업 시간 연장 및 작업 용이, 잠수사 사고 예방 등
④ 인양작업과 병행하여 원점지역의 실종자 및 잔해물 등 신속한 탐색 및 수거 가능.

수면으로 드러난 천안함 선체는 전쟁 상황을 방불케 하였다.

기상급변에 따라 긴급하게 이루어진 사항이라 상부보고와 언론 보도에서도 다소 혼란이 일어났다. 아무도 인지하지 못하는 상황에서 언론이 먼저 발표하였고, 지휘부는 보고시기 등과 관련해서 또 한 번의 힘든 순간을 맞은 것이다. 우리는 급하게 고무보트를 해상에 전개시켜 혹시나 모를 해상 부유물 탐색을 실시하였다.

여건에 따라서 언론에 사전 공지하지 못하는 상황이 생길 수밖에 없는데 정말 너무한다는 생각이 든다. 영상자료까지 보도되었는데, 크레인 기사가 핸드폰 영상을 언론에 제공한 상황으로 확인되었다. 한 가지 한 가지 상황들이 힘이 드는 것 같다. 그래도 시간은 정말 잘 지나간다.

함체 이동을 위해 수면상으로 드러난 천안함 함미 부분.

◎ 2010.4.13.(화) 맑음, 파고 3.5m, 풍속 30kts

선체, 최초 진입 준비

기상이 매우 악화되었다. 전면 작업이 중단되었고, 탐색구조단에서는 함미 선체 인양시 예상되는 屍身(시신)이송 및 작업처리 절차에 대해서 점검을 실시하였다.

우리의 임무중에는 침몰 선체에 대하여 폭발물 안전 여부 확인 및 안전화 처리 임무가 포함되었다. 海本 병기반과 최초 진입하여 확인하는 사항으로서 미 EOD 교육과정을 이수한 내가 들어가기로 하였다.

해군본부 병기병과에서는 최근에 폭발물 처리의 중요성을 인식하여 별도의 EOD 조직을 구성하여 운영하고 있었다. 물론 임무 성격의 차이는 있다. 일반 해군 EOD는 해상의 불발탄과 폐탄을 처리하는 임무를 주로 하는 한편, 특수전 EOD는 전시상황 폭발물 처리와 급조된 私製(사제)폭발물을 포함하여 전반적인 탄·폭약을 다룬다.

이번 임무는 함정에서 보유한 각종 탄약의 위험을 사전 확인하고 처리하기 위한 작업으로 임무를 공조하게 되었다. 해군본부 병기병과에서는 동기생인 우홍규 중령이 와 있었다. 전체 일정과 확인절차, 우발 상황시 처리방안 등을 모색하고 세부 추진계획을 탐색구조단장에게 보고하였다.

임무 성격상 인양된 함체에 제일 먼저 진입하는 일로 보고 싶지 않은 모습을 어쩔 수 없이 봐야 하는 임무였다. 그다지 기분 좋은 일은 아니지만 할 것은 해야지 하는 생각으로 꼼꼼히 장비들을 준비하고 절차를 확인했다.

◎ 2010.4.14.(수) 맑음, 파고 3.5m 풍속 30kts

언론과의 협조 문제

오전부터 함미 선체 인양시 발견되는 屍身(시신)이송 준비에 모두가 최선을 다하였다. 폭발물처리반, 선체인양 지원반, 과학수사반, 해상이송반, 시신처리지원 의료반, 항공이송반, 육상처리반 등 많은 지원요소들이 나름대로 준비하느라 정신없었다.

몇 번의 리허설과 함께 언론과도 공조가 될 수 있게 권세원 중령이 백령도 현장에 위치하였다. 정말 언론과 원활한 공조는 쉽지 않은 것 같다. 오늘 계획된 언론과의 공조계획도 핵심적으로 논의되었다. 그동안 현장

기상불량으로 全 세력이 작업을 진행시키지 못하고 있다.

에서 진행되는 사항과 탐색구조단의 의도가 언론 보도와는 일부 차이점이 생기는 현상들이 있었다. 따라서 이번 작전부터는 실시간으로 작전 진행 상태와 탐색구조단의 의도 등 언론과 마인드를 일치화시키는 방안으로 추진안이 마련되었다.

적임자로 교육사 정훈공보실장인 권세원 중령이 선정되었고, 본격적인 활동이 시작되었다. 그나마 권세원 중령이 상당한 노련미가 있는 것 같다. 권 중령이 백령도에 전개한 이후 어느 순간부터 언론과의 잡음이 상당히 줄어들었다. 단순 군 관련 임무를 수행하더라도 정치인과 언론은 정말 신경 써야겠다는 교훈을 얻은 것 같다.

오후 들어 기상이 호전되어 RIB를 이용하여 평택으로부터 현장을 방문한 208전대장 및 실종자 가족 5명을 작업현장인 해상크레인으로 이송 지원했다.

최종 인양은 날이 밝는 대로 실시할 예정이다. 이제 탐색구조단에서 준비해야 할 사항들이 마무리되었다. 물론 100% 예상과 같이 이루어지지는 않을 것이라는 생각이 든다. 각종 변수가 있을 수밖에 없는 상황이기 때문이다. 하나하나 세부적인 사항까지 우발상황에 대비한 추가적인 계획을 수립했다. 그래도 부족한 면이 생길 것으로 예상되지만 최소화하는 노력은 필요할 것이다. 다행히 내일은 날씨가 좋을 것 같다.

◎ 2010.4.15.(목) 맑음, 파고 1m

계단을 움켜잡은 시신 발견

오늘 드디어 함미 선체를 완전히 인양하는 작업을 시행했다. 아침부터 실종자, 고인을 위한 위령제를 올렸다. 全 함정이 기적吹鳴(취명)과 함께 묵념을 실시하고 간절히 기도드렸다.

아침식사를 마치는 즉시 가용한 RIB 및 CRRC 등 全 전력이 어선疏開(소개) 및 해상부유물 탐색/수거 준비를 하고, 0900시 삼아 2200 크레인이 인양을 시작했다. 인양중 해난구조대 병력을 위주로 하는 작업인력들이 각종 排水(배수) 작업을 실시하고, 1220분경 완전히 수면상으로 드러난 함미 선체를 현대프린스 탑재 바지[24]에 積載(적재)하는 작업절차를 진

24. 탑재 바지(barge): 통상 바지선으로 선체표면이 편평하여 화물을 적재할 수 있고, 각종 장비를 설치하여 작업선으로도 활용.

기상불량으로 작업을 중지하고 대기중인 인양 크레인.

행시켰다.

그러나 1315분경 탑재 크래들[25]이 선체의 중량 이동을 견디지 못하고 파손되고 말았다. 정말로 난감한 상황이었고, 탐색구조단에서는 긴급회의를 소집하였다. 현시점에서 크래들을 다시 제작한다면 천안함 함미 선체를 크레인이 지속적으로 공중에 매달고 있어야 되고 작업종료 시간이 언제가 될지 장담할 수 없는 상황이 되어 불가한 것으로 판단되었다. 한 가지 방법은 천안함 함미 선체의 내부수색을 먼저 실시하는 방안이 제시되었다. 지휘부에서도 할 수 없이 인양크레인 적정하중 장력을 유지한 상태에서 실종자를 우선 수습하기로 결정했다.

1438분 진입용 계단이 설치되고, 무장안전팀(EOD)의 임무수행을 위해 제일 먼저 선체로 올라갔다. 유도탄, 어뢰 등 일부가 유실된 상태이고 선체 자체에는 폭발 위험성이 없는 것을 확인한 후 내부를 둘러보았다.

제일 먼저 72포 탄약積載庫(적재고)에 시신 한 구가 눈에 띄었다. 상의는 벗은 상태로 계단을 움켜잡고 있었다. 차가운 수온 때문에 형체는 그대로 유지되어 있었다.

이어서 艦尾(함미) 기관부 침실로 이동하였는데, 각종 매트리스와 장애물로 거의 진입이 불가한 상태였다. 격실 전부가 꽉 들어찬 모양이었다. 사고시점이 휴식이 보장된 저녁시간이라 다수의 대원들이 침실에 있을 시간이었고, 결론적으로 많은 수의 대원들이 이곳에 섞여 있을 거란 생각에

25. 크래들(Cradle): 이동식 받침대. 선체를 수면상으로 올려 船底(선저)상태 등을 확인하고 이동시킬 때 활용.

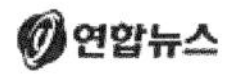

살아 돌아오길 바랬건만..

기사입력 2010-04-15 11:41 0 추천해요

(백령도=연합뉴스) 이정훈 기자 = 천안함 함미 인양에 앞서 15일 오전 독도함에서 열린 위령제에서 유가족들이 꽃을 바다로 던지고 있다. 2010.4.15

대부분의 실종자가 위치한 것으로 판단되는 함미 인양 前 위령제 실시.

잠시 소름이 돋았다.

그 다음 본 곳은 MCR[26]과 함미 식당이었다. 여기저기 시신이 마치 마네킹처럼 널려있었다. '사람 모양이 왜 이럴까? 그동안 추운데 얼마나 떨었을까?' 하는 생각에 너무 불쌍한 생각이 들었다.

전반적 무장안전 상황 확인 후 통로개척조와 헌병 과학수사팀에 자리를 인계하였다. 또한 실종자 가족 대표도 현장에 도착한 것이 보였다.

독도함에 복귀 후 본격적인 시신이송 작업에 집중했다. 1554분부터 시신이 수습되고 독도함 차량 갑판으로 이송되기 시작했다. 한 具(구) 한 具

26. MCR: 기관조종실.

천안함 함수 침몰 부근에 도착한 철골구조물을 실은 바지선이 보인다.

정말 신중하게 이송하였다.

1, 2, 3… 군복을 입은 시신은 누군지 식별되지만 대부분이 저녁시간이라 체육복과 간편복을 입고 있어 확인이 어려웠다. 단지 숫자만 늘어갈 뿐이었다… 33, 34, 35, 36.

숫자는 2300시경 36에서 멈추었다. 시신 수습과정에서 海醫院長(해의원장)이 한바탕 문제를 일으켰다. 실종자 가족이 위치한 것을 모르고 의무요원 격려차 농담을 한 것이 화근이었다.

결국 언론까지 보도되고, 해의원장에게는 긴급복귀 지시가 떨어졌다.

독도함으로 이송된 시신은 항공편으로 평택 2함대에 再이송되는 절차였다. 너무 빨라도 신중하지 못한 모습을 보일 수밖에 없고, 늦어도 지적을 받을 수 있는 상황에서 탐색구조단장은 적절한 타이밍으로 全 작업을 통제했다.

2300시 야간작업 종료 후 탐색구조단장의 지시로 UDT 경계대원을 편성하여 艦尾(함미) 선체를 보호했다. 작업 바지에서는 밤새도록 크래들 보강작업이 진행되었다. 처음부터 튼튼하게 만들었으면 좋았을 걸….

◎ **2010.4.16.(금) 맑음, 파고 1m**

급작스런 본부 이동 지시

아침 0900시부터 함미 선체에 대한 정밀 재수색 작업이 시작되었다. 수색작업이 진행되기 전에 합참의장님과 탐색구조단장님간 작업방법에 대해서 논의가 이루어졌다.

"오늘 작업시에는 어제 작업을 하지 않았던 인원들을 선발해서 투입시키세요. 한 번 작업한 인원들은 똑같은 시각으로 보기 때문에 못본 부분을 또 놓칠 수 있으니까요."

합참의장님의 인원투입에 대한 지시였다.

"의장님, 제 생각은 조금 다릅니다. 함정은 일반 육상 건물과는 다르고 수색경험이 있는 인원들이 복잡한 내부구조에 한 번이라도 숙달되어 있으니 두 번째 수색에는 좀 더 정확하게 볼 수 있을 것 같습니다."

탐색구조단장이 소신 있게 의견을 피력했다.

천안함 탐색구조 기간중 지속적인 지원을 한 美 살보함.

“아닙니다. 의장이 지시하는 대로 하세요!”

“예, 알겠습니다. 제가 잘 판단해서 조치하겠습니다.”

합참의장님의 약간은 짜증난 목소리와 지시에 탐색구조단장님도 조금은 불편해 하셨다. 도대체 어떤 것이 맞는 것인지 모르겠다. 그러나 역시 탐색구조단장은 현명한 분이었다.

“어제 수색한 대원들 위주로 하되, 눈썰미가 좋은 대원 일부를 추가시켜 수색해라.”

인양된 천안함 함미 선체는 내부가 협소하여 수색할 수 있는 인원은 제한되어 있었기 때문에 짧은 시간에 효과적으로 수색이 되기 위한 방안이 필요했었기 때문이다. 이번 2차적인 수색작전에는 실종자 가족 대표들도 포함되었다. 세부적인 장소까지 실종자 가족들이 만족할 때까지 수색을 실시했다.

더 이상의 성과는 없었다. 오후에 크래들이 안정됨에 따라 선체를 안착시키고 인양체인은 解索(해색)되었다. 각종 함정 내 빌지(bilge)[27] 배출 등 작업실시 후 실종자 가족의 요청에 따라 재차 정밀수색을 실시하였다. 빌지 바닥까지 총 5회를 실시하였고, 가족 동의하 수색이 종료됨에 따라 함미 선체 인양작업은 끝을 맺었다. 함미 선체를 탑재한 바지는 YTL(소형항만 예인정, Small harbor tug) 예인하 평택항으로 이송될 예정이다.

2145분 전 현장요원이 독도함에 복귀하였는데 갑자기 날벼락 같은 지시가 떨어졌다. 탐색구조단 본부를 독도함에서 구조지휘함으로 즉시 이동시키라는 것이다. 기가 막혔다.

'이 많은 인력과 장비를 어떻게 이동을 시켜?'

사유는 독도함을 평택으로 이동시켜 합동조사단 母艦(모함)으로 사용하겠다는 것이었다. 엄청난 물량 이동도 문제지만 독도함 갑판에 있는 RIB도 문제였다. 상황종료 후 RIB를 이동시킬 수단이 없어져 버리는 것이었다. 할 수 없이 RIB는 독도함에 탑재해서 평택항을 거쳐 육상편으로 진해로 보내는 수밖에 없었다.

2300시까지 全 세력과 지휘부가 구조지휘함으로 이동했다. 아마 함흥철수작전이 이런 모습이 아니었을까 하는 생각도 들었다.

구조지휘함에는 인원 및 장비로 거의 폭발 수준이었다. 독도함의 귀중

---

27. 함정 내 빌지: 함정 제일 하부 바닥면에 위치. 엔진 및 각종 배관에서 흘러나온 오수 및 기름찌꺼기 등이 모여 있고 정박시 별도로 수거 및 처리한다.

함을 다시 한번 생각하게 하는 순간들이었다. 대원들 숙소 및 장비 정리에 또 밤 12시가 넘어간다.

◎ 2010.4.17.(토) 맑음, 파고 1m

안전 重視 미군, 속도 重視 한국군

구조지휘함에서 아침이 시작되었다. 아침 사관실 식사부터 과다한 인원수 때문에 순차적으로 식사를 해야만 했다. 갑자기 불어난 인원 때문에 구조지휘함에서도 많이 당황한 듯하다. 움직이는 곳마다 불편이 따른다. 고참 중령인 내가 그렇게 느끼는데 대원들의 불편함은 더할 것이라는 생각이 든다.

대원들의 생활공간을 방문했다. 역시 예상대로 좁은 구역에서 불편함을 호소한다. 지휘관으로서 잠시 미안함을 느끼면서 "우리가 이곳에 올 때 결코 편안한 것을 바라지는 않았잖아. 힘내자" 이렇게 위로해주는 말밖에 할 수가 없었다.

천안함 艦尾(함미) 선체 인양 종료에 따라 이제는 艦首(함수) 선체 인양과 수중 접촉물 확인을 통한 침몰 원인을 찾아내는 데 모든 전력이 집중되어 있다.

오늘도 EOD 대장 최형순 소령이 미 살보함을 방문하여 수중 접촉물을 원활하게 찾아내는 방안을 협조하였다. 미 EOD의 탐색방법은 최대한 안전을 고려한 상태에서 먼저 SSS(사이드스캔 소나)로 탐색한 다음, 영상자료 분석, 함정을 이용한 탐색위치 錨泊(묘박), 잠수사 유도 및 확인 순이었다.

근본적으로 우리와 정서가 맞지 않는 절차였다. 우리는 기본적으로 하루에 2~3포인트를 최단시간에 확인하는 시스템이지만 미군은 2~3일에 1포인트 정도를 확인하는 시스템이다.

물론 미군 시스템은 안전을 최우선할 수 있지만 언제 끝날지 모르는 답답한 작업 진행을 보여줄 수밖에 없는 시스템인 것이다. 첨단장비라고 하는 사이드스캔 소나도 波高(파고) 1.5m 이상이면 실질적으로 영상분석이 어려워 썩 신뢰를 가진 장비라고 하기는 어려웠다.

오후에 남아있는 대원들을 총동원하여 구조지휘함 부식작업을 전폭적으로 지원했다. 많은 양이 수급된 것 같지만 부장 이야기로는 그래도 절대적으로 부족하다고 한다. 정말 갑자기 불어난 인원에 구조지휘함이 애를 먹고 있다는 생각이 든다.

◎ 2010.4.18.(일) 맑음, 파고 2~2.5m, 풍속 25~30kts

파도에 시달리며

아침부터 각 소해함에 인원 2명씩을 편승시켰다. 전시에 EOD가 각 소해함에 편승되어 기뢰를 탐색/식별하고 처리하는 시스템을 적용시킨 것이다. 미 살보함에는 김대훈 소령과 이규성 중사를 乘組(승조)시켜 원활한 韓美 공조작업이 가능하도록 조치했다.

오후 들어 갑자기 기상이 불량해졌다. 계획된 작업이 전면 취소되고 미 살보함 포함 각 함정에 승조한 대원들은 결국 구조지휘함으로 복귀하지 못하였다. 대원들은 파도에 시달리며 소형함정의 애로점을 느끼게 될 기회를 얻은 것 같다. 약간은 미안한 마음도 생긴다. 미리 복귀시킬 걸….

◎ 2010.4.19.(월) 맑음, 파고 2~2.5m 풍속 25~30kts

집요한 질문

어제 오후부터 시작해서 지속적으로 기상이 불량하다. 오랜만에 대원들에게 휴식 시간을 부여했다. 장비 및 개인적인 행정시간을 주어 재충전할 수 있는 기회를 마련한 것 같다.

미 살보함 및 함정에 편승한 대원들은 오늘도 복귀하지 못했다. 고생한 만큼 돌아오면 격려해 주어야겠다. 점심식사를 마치고 합조단에서 파견나온 박윤모 헌병 중령을 만났다. 기수로는 나보다 1년 후배로 육군 출신이었다.

"선배님, 지금 EOD에서 하는 역할이 뭐죠? 미군과의 협조는 문제가 없는가요? 수중에서 접촉물을 식별하는 과정이 이해가 되질 않는데 자세히 설명해 주실 수 있습니까?"

헌병 출신답게 세부적인 사항에 대해서 집요한 질문들이 이어졌다. 완벽하게 이해될 때까지 두 번 세 번 연이은 질문을 하였다. 하나하나 용어부터 설명을 하다 보니 어느새 저녁 먹을 시간이 되어버렸다.

"저녁 드시고 시간 좀 내어주십시오."

정말 대단한 친구다. 아무래도 육군으로서 해군 용어가 생소할 수밖에 없는데 이해하려고 노력하는 것이 가상하다는 생각이 들었다. 결국은 저녁 늦게까지 대화를 나누고 설명을 할 수밖에 없었다. 비록 軍도 다르고 전투병과도 아니지만 정말 마음에 든다. 하루 종일 말을 너무 많이 해서 힘은 들었지만 간만에 훌륭한 후배를 만난 것 같아 기분이 좋았다. 내일은 기상이 다소 호전된다는 예보가 있었다. 어느덧 중요한 것들이 정리되어 가는 느낌이다.

◎ 2010.4.20.(화) 맑음, 파고 1m 풍속 15kts

로프가 스크류에 걸리다

오후 들어 기상이 양호해졌다. 미 살보함과 소해함에 편승했던 대원들이 1500시경 복귀하였다. 파도에 시달린 모습이 역력하다. 그나마 구조지휘함이 얼마나 편했는지를 알게 된 좋은 기회였다.

저녁 식사 후 해경 방제 21호 스크류에 감긴 로프를 풀기 위해 1800시경 최형순 소령 등 9명이 출발하였다. 서해에서는 조류도 강하고 해상 시야가 불량하여 떠다니는 廢(폐)로프가 스크류를 감는 일이 자주 일어난다. 보통 어망에 연결되어 있는 로프들은 부이를 보고 식별할 수 있지만 떠다니는 로프는 육안으로 알아보기 힘들다.

나도 서해 2함대에서 고속정 정장으로 근무하면서 로프가 스크류에 걸려 혼이 난 적이 있었다. 아마 서해근무 경험자들은 다들 한두 번씩 경험이 있을 것이란 생각이 든다. 그동안 천안함 침몰현장 주위에서 열심히 해상오염 방지를 위해 돌아다니던 방제 21호 함장도 운이 안 좋았던 것 같았다. 그래서 비록 해경 함정이지만 적극적으로 지원해주기로 마음

먹었다.

1833분경 이우강 중사와 박상준 중사가 현장에 투입되어 로프 해색 작업차 잠수하였으나, 워낙 스크류에 감긴 로프가 많아서 작업을 종료하지 못했고, 내일 다시 시도하기로 하였다. 대원들은 모든 작업을 종료하고 1930시경 구조지휘함으로 복귀하였다.

◎ 2010.4.21.(수) 맑음, 파고 1m, 풍속 15kts

로프를 풀다

오전부터 박윤모 중령과 탐색구조 작전의 애로점에 대해서 이야기했다. 특히 해군은 항상 해상기상과의 전투를 벌이고 있는 점을 이해시키기 위해 많은 예를 들었다. 그리고 육지에서만 근무하는 것이 얼마나 행복한 것인가에 대해 집중적으로 이야기를 해줬다. 박윤모 중령도 해상에 나온 이후 많은 것을 느꼈다고 말하였다. 역시 대화가 필요하고 경험이 필요하다. 이번 작전이 종료되기 전에 박윤모 중령을 해군화시키겠다고 농담 삼아 이야기했다. 정말 해군을 지휘하는 상급부대에 위치한 他軍(타군) 장교들의 해군 체험은 반드시 필요하다는 것을 다시 한 번 깨닫는 기회가 된 것 같았다.

중식 후 해경 방제 21호 스크류 작업을 완전히 끝내기 위해 3개의 잠수조를 데리고 박수철 대위가 1300시경 출발하였다.

로프는 양쪽 스크류에 모두 감겨 있었고, 약 1시간 동안 3개 조가 순차적으로 작업을 실시하여 1354분경 결국 양쪽 스크류에 감겨 있던 로프를 완전히 풀 수 있었다. 실로 엄청난 양의 로프였다. 항해시 잘 확인하고 다녀야지….

◎ 2010.4.22.(목) 맑음, 파고 1m

스트레스

기상이 오락가락한다. 좋은 날씨가 순간적으로 불량해지고 또 좋아진다. 백령도 지형 자체가 기상이변을 많이 가져오는 지형이고, 조류도 세계적으로 알아줄 정도로 심하다는 이야기를 들었다. 停潮(정조)시간이라고 해도 안정된 잠수를 하기가 쉽지 않았다. 일정속도의 조류는 계속 흐르고 있고, 순간적으로 강해지는 현상이 일어났다.

'어려워…'

민간잠수사에 의한 艦首(함수) 선체 작업은 거의 종료되어 가고 있다. 艦尾(함미) 선체 인양의 경험으로 체인작업을 쉽게 하는 것 같다. 역시 경험은 무엇보다도 중요한 것 같다.

현재 탐색구조단에서 추진하는 핵심 임무는 크게 두 가지로 구분된다. 첫째는 당장 내일부터 진행되는 천안함 함수 선체 인양이다. 두 번째는 수중 잔해물중에서도 증거물을 찾아내는 것이다. 무엇보다도 수중의 잔해물을 정확히 탐색하여 식별하는 절차에서, 탐색은 소해함에서 식별은 EOD에서 담당하고 있다.

특히 수중 탐색을 담당하는 52전대장 김창헌 대령이 많은 스트레스를 받고 있는 것 같았다. 매번 탐색되는 접촉물들이 실질적으로는 불필요한 것이 많기 때문에 전력들의 낭비요소가 많아질 수밖에 없었다. 무엇보다도 정확한 접촉물을 찾는 것이 급선무였다. 그러나 생각만큼 장비 성능이나 해상 여건이 따라주질 않았다. 해도상 수없는 수중 접촉물 포인트들이 표시되어 있고, 그중에서 우선순위를 정해주는 임무도 부가적으로 가지고 있었다.

따라서 상부에서 수중 접촉물에 대한 정확한 식별을 요구하였고, 성과가 없을 때에는 지속적으로 책임추궁을 하였다. 김진황 선배와 나는 비록 선배이지만 위로하는 시간들이 잦아졌다. 힘들 때일수록 서로를 의지해야 하는 것이, 군인의 길을 원활하게 걸어갈 수 있는 첩경이란 것을 깨닫고 있는 나이들인 것 같다.

◎ 2010.4.23.(금) 맑음, 파고 1m

艦首(함수) 선체 바로세우기

0800시부터 CRRC를 총동원하여 함수 위치에서 실종자 및 부유물 탐색을 실시하였다. 그동안 함수 선체에 체인설치가 완료되었고, 옆으로 누워있는 것을 수중에서 바로세우기 작업을 시도했기 때문이었다.

1045분 체인을 조정하여 함수 선체 바로세우기 작업이 예상보다 쉽게 종료되었다. 그물 유실망 설치를 하고 내일 최종적으로 함수 선체를 인양할 예정이다.

그동안 수중상황만 파악하던 함수 선체를 직접 본다는 생각을 하니 왠지 마음이 뭉클해졌다. 내가 가장 좋아하던 한주호 준위의 목숨을 앗아

천안함 함수 함미 공개. 연돌 오른쪽 구겨진 부분에 알루미늄 자국이 보인다.

간 함수는 어떤 모습일까?

"권 중령, 오늘 별도로 연돌 인양작업을 해야 하니까 권 중령이 현장에서 책임지고 작업을 해줘."

탐색구조단장의 호출과 함께 별도의 작업지시가 떨어졌다.

함수 위치 작업과는 별도로 위치가 파악된 연돌[28] 인양의 책임을 가지고 0950분경 인양크레인으로 이동했다. 가느다란 와이어 하나만 민간 잠수사가 연결하였는데 다소 불안한 느낌도 들었다. 민간업체와 장력을 최종 확인하니 연돌이 예상보다 알루미늄 재질로 가볍다는 것을 고려한 작업이란다. 그래도 최대한 안전하게 천천히 인양할 것으로 주문했다.

와이어에 딸려오는 연돌은 그야말로 처참한 모습이었다. 하부를 포함하여 연돌 전체가 찢겨지고, 틀어지고…. 보는 자체도 괴로울 정도였다. 1500시경 연돌을 완전히 인양하여 크레인 바지에 탑재를 완료하였다. 구석구석까지 완전히 확인을 하고 구조지휘함에 복귀하였다.

◎ 2010.4.24.(토) 맑음, 파고 1m

폭발물 안전 확인차 먼저 진입

날씨는 양호하고 0800시부터 함수 선체 인양작업이 시작되었다. 이미 함미 선체 인양 경험이 있기 때문에 작업은 신속하게 진행되었다.

---

28. 연돌: 함정 내부에 있는 엔진의 연소가스가 배출되는 통로. 일반 시설물의 굴뚝과 같은 역할을 한다.

크레인에 의해 인양되고 있는 천안함 함수.

1134분 바지에 탑재를 시작하여 1215분 탑재는 완료되었다. 크래들도 정말 완벽하리만큼 튼튼하게 제작된 느낌이었다. 바지에는 내부 수색을 위한 작업인원과 과학수사대, 실내 전등 설치를 위한 전기사들과 크레인의 안전을 체크하는 요원 등 많은 인원이 와 있었다.

사다리가 설치되고 제일 먼저 무장안전 확인차 선체에 올랐다. PCC 함장을 한 나로서는 천안함은 매우 익숙한 모습이었다. 다만 뒷부분이 없는 것이 눈에 거슬릴 뿐.

내부에 조명이 없어 세부적으로 확인이 어려웠지만 각종 탄약 등과 관련된 폭발 위험성이 없는 것을 확인하였다. 사실 艦首(함수) 구역은 특별한 폭발 위험성이 없었다. 艦尾 쪽에는 유도탄, 어뢰, 폭뢰 등 위험성이 따르는 요소들이 다수 존재한다.

펄 냄새가 진동하였다. 헌병수사관과 수색조에게 자리를 인계하고 바지에서 수색상황을 지켜봤다. 함수 쪽에는 실종자가 없으리란 생각이 들었는데, 의외로 補修(보수)하사가 자이로室에서 발견되었다. 함내 안전 순찰 중에 빠져나오지 못했던 것 같다. 함수는 일정시간 수면상에 떠 있었는데 매우 안타까운 생각이 든다.

'악을 쓰고 빠져나오지 그랬어? 이 바보야!'

이번 屍身(시신)은 독도함이 없기 때문에 백령도를 거쳐 항공편으로 이송되었다. 1725분 함수 선체를 탑재한 바지가 평택항으로 출발하고, 임무는 거의 마무리되어가는 것 같다.

벌써 한 달이 다 되어간다. 핸드폰 배터리는 왜 이렇게 오래 못가는 걸까? 3시간 이상을 못 버텨… 이번에 복귀하면 핸드폰부터 바꿔야지…. 새벽부터 진행된 함수 선체 인양은 1900시에 최종 종료되었다. 이제 큰 작업은 종료된 것인가?

3

폭침 어뢰를 찾다

1

새로운 임무

사실상 탐색구조단 지휘부 참모, UDT 현장지휘관으로서의 임무는 종료가 되었다. 인명구조 상황이 종료되었을 때 임무도 끝나는 것이 맞다. 그 이후는 각종 자산과 함께 민간 역량을 동원하여 안전하게 임무를 완수하면 되는 것이다.

굳이 추가임무를 판단하자면 EOD를 활용한 수중 잔해물을 인양하여 증거물을 수집하는 것이었다. 마무리가 필요한 시점. 그러나….

◎ 2010.4.25.(일) 맑음, 파고 1.5m 풍속 15kts

"모르죠"

천안함 선체 인양이 종료되고 이제 남은 것은 수중 천안함 잔해 인양 및 침몰 원인을 알려줄 그 무언가를 찾는 것이다. 일전에 國科硏(국과연) 어뢰전문 박사에게 질문을 했었다.

"어뢰 타격 후 어떤 형태의 잔여물이 남는가요?"

"모르죠. 어뢰 실사격 훈련은 대부분이 깊은 바다에서 실시되고, 잔해물을 따로 확인하는 경우는 없으니까요."

도대체 무엇을 찾아야 하는 것인지…일단은 주어진 모든 수중 접촉물을 완벽하게 찾는 것이 임무였다. 최선을 다해야지. 오전에 최형순 소령이 소해함과 협동으로 또 하나의 수중 접촉물을 확인했다. 결과는 상선용 대형앵커로 식별되었다.

지금부터는 가장 큰 임무를 가진 사람이 52전대장 김창헌 대령이었다. 소해함을 적절하게 운영하여 수중 접촉물을 완벽하게 찾아내야 하니까…. 저녁에 회의시 수중 접촉물 확인 작업은 EOD 대장 최형순 소령과 대원들로만으로 충분히 가능하다는 결론을 내렸다.

그러나 또 하나의 문제는 백령도 어장을 장악하고 있는 탐색구조단으로서 지속적인 민원에 시달릴 수밖에 없었다. 冬(동)계절이 지나면서 백령도 어민들도 생계유지를 위해 까나리어장을 설치해야 하는데 시간이 지나갈수록 답답한 마음을 가지고 있는 것이다.

탐색구조단에서는 해군본부와 협조하여 백령도 어민들을 수중 잔해물 탐색임무에 일정부분 참가시키면서 조기에 어장 확보를 해주기 위한 방안들을 마련하였고, 현장으로 파견할 인원들이 필요하였다. 탐색구조단 자체 회의 결과 큰 작업이 종료된 김대훈 소령을 백령도로 보내서 백령도 어민과 협조하여 형망[29] 어선(소형 저인망 형태)을 통제하는 임무를 맡기기로 하였고, 나는 4월27일 항공편을 이용, 부대에 복귀하기로 하였다.

이제 드디어 집에 가는구나!

◎ 2010.4.26.(월) 맑음, 파고 2m, 풍속 20kts

자갈과 모래만…

0930분경 김대훈 소령이 해병 6여단으로 출발하였다. 성격이 부드러워 아마도 어민과 잘 어울려서 임무를 수행하리라는 생각이 들었다.

“백령도 어민들이 많이 예민해져 있으니까 잘 설득하고, 軍에서도 최선을 다하고 있다는 것을 정확하게 인식시켜야 될 거다.”

“예, 걱정 마십시오. 어떻게 하는지는 가봐야 하겠지만, 재미있을 것 같습니다. 그것보다도 대대장님이 그동안 고생을 많이 하셨는데 먼저 가신다니 섭섭합니다.”

항상 긍정적인 성격이 장점인 친구다.

오후 들어 기상이 점점 나빠지기 시작한다. 그래도 계획된 잠수작업은 진행을 시켰다.

1916분경 수중 접촉물 확인 결과 자갈과 모래만 식별되었고, 대원들은 2040분경 구조지휘함에 복귀하였다. 나는 석식 후 탐색구조단장과 5전단장에게 정식으로 진해 복귀신고를 하였다.

---

29. 형망 어선: 자루모양의 그물을 이용하여 해저에 있는 조개류를 채취하는 소형 어선. 천안함 탐색구조 작전시에 함수침몰 위치 인근에서 잔해물 탐색 및 회수 작업에 투입되었다.

룸메이트인 김창헌 대령과 김진황 선배가 정말 고생했다고 위로해주면서 한편으로는 먼저 복귀하는 것에 대해 부러움을 표시했다. 그런데 해상 날씨가 심상치 않다….

◎ 2010.4.27.(화) 맑음, 파고 3m, 풍속 30kts

"이러다 뒤집어지는 것 아닙니까"

일기예보가 틀리지 않았다. 백령도로 이동할 RIB 자체가 운항을 하지 못할 정도로 높은 파도가 일고 있었다. 구조지휘함은 심한 흔들림 속에 揚錨(양묘)하여 대청도 서방으로 향해 避港(피항)을 시작했다.

사관실에서는 자료를 정리하던 박윤모 중령이 갑자기 의자들이 한쪽으로 쏟아지듯이 밀려가는 모습을 보면서 눈이 휘둥그레졌다. 이제야 진정한 해군의 참맛을 보게 되는구나 하는 생각이 들었다.

"선배님, 배가 왜 이러죠? 이러다 뒤집어지는 거 아닙니까?"

사뭇 진지한 표정이다.

"이게 해군 함정의 평소 모습이야. 지금 밖의 해상을 보면 바다에서는 군함이 얼마나 힘을 못 쓰는지 느낄 거야."

해상에서는 파도가 마치 거대한 산이 몰려오는 모습으로 생겼다 사라졌다를 반복하고 있었다.

"이 상태에서는 식사도 못하겠는데요. 하기야 지금 밥 먹을 생각도 안 듭니다. 어디 도망 갈 곳도 없고, 속이 울렁거려 많이 힘듭니다."

"식사는 당연히 힘들지. 국을 끓일 수도 없는 경우에는 비상식량으로

대체할 때도 있어. 그래도 사람은 적응의 동물이라 어느 정도 견디다 보면 좋아질 거야."

실은 나도 멀미가 심한 편이라 해상기상이 불량할 때면 많이 힘들다. 거의 하루 종일 꼼짝도 못하고 침실에 붙어 있는데, 침실마저도 심한 요동에 흔들렸다. 파도가 舷側(현측)까지 넘실대고 있었다. 해상의 이런 상태를 육상에서만 근무하는 사람들은 이해하려나?

◎ 2010.4.28.(수) 맑음, 파고 3m, 풍속 30kts

멀미

이틀째 피항중이다. 내가 왜 해군으로 왔는지 후회막급이다. 식사도 전혀 못하고, 매 끼니를 우유 하나로 때우고 있다. 다만 다이어트에는 도움이 될 것 같다.

생각해 보면 나도 꽤나 함정근무를 많이 한 것 같다. 소위 任官(임관) 후부터 각종 유형의 함정에서 근무를 해보았다. 고속정 부장을 시작으로 구축함, 초계함, 구조함 등 동기생들보다 함정 근무기간은 오히려 많은 것 같다. 그럼에도 불구하고 일정기간 육상근무만 하다 보면 배멀미가 당연히 찾아온다.

대원들이 걱정이다. 대부분이 함상생활에 적응이 안 되어 있는데 이렇게 높은 파도에 고생들을 할 것 같다. 그래서 대원들의 숙소를 방문했다. 아니나 다를까 아수라장이다. 주위에는 각종 짐들이 엉망으로 돌아다니고 있고, 거의 모든 대원들이 침대만 붙들고 있는 모습이 보였다.

현장에서 또 하나의 강력한 敵은 기상불량이다.

“견딜 만해? 뭐라도 좀 먹었어?”

“대대장님, 저 좀 빨리 부대로 복귀시켜 주십시오. 아무리 힘든 것도 다 버티겠는데, 이것은 제가 어떻게 할 방법이 없습니다. 어떤 때는 함정 근무자들이 군 생활을 참으로 편하게 한다는 생각이 들었는데, 지금은 정말로 존경스럽습니다.”

함충호 상사가 침대에서 꼼짝도 못하는 상황에서 넋두리를 한다.

예전에 집사람이 심하게 흔들리는 함정을 타고 이동하면서 했던 말이 기억난다.

‘도대체 배를 멈춰달라고 할 수도 없고, 흔들리지 않는 곳을 찾을 수도 없어 차라리 바다로 뛰어내렸으면 좋겠어요.’

아마 대원들도 같은 마음이 들 것이다.

"그래도 UDT가 힘들다고 표를 낼 수가 있나. 차라리 덤블(군함의 차량 갑판)을 뛰어다녀봐 세상이 흔들리는 가운데서도 중심 잡는 훈련에는 최고니까."

막상 이야기해 놓고 보니 뭔가 어색하다. 무슨 말을 해도 위로가 될 것 같진 않다. 결국 모두 이 시기를 잘 버티라는 말을 하고 침실로 올라왔다. 사실 나부터도 문제인데….

◎ 2010.4.29.(목) 맑음, 파고 3m, 풍속 30kts

이제 하루 남았다

천안함 침몰로 인한 출동중, 최악의 기간이 되고 있는 것 같다. 다행스럽게도 내일이면 해상 날씨가 좋아진다고 하니 희망이라도 보인다. 험한 날씨에도 내일 복귀할 짐을 정리하고, 서류도 정리를 했다. 그래도 해군이라고 높은 파도는 금방 적응이 된 것 같다.

그런데 김창헌 선배님이 이상한 이야기를 했다. 백령도 어민의 불만을 잘 이해시키고, 백령 대청어장에 타 지역 저인망(쌍끌이)어선이 들어와서 작업을 할 수 있도록 설득해야 하는데 적임자가 없다는 것이다. 나도 며칠 전 김창헌 선배님이 백령도에 협조차 다녀와서 '도저히 협조가 되질 않고 오히려 불협화음만 있었다'라는 이야기를 들은 적이 있었다.

'그러한 사항들을 이야기하는 것은 나보고 갔으면 하는 것인가?'

'특히, 생소한 쌍끌이 어선까지 운영하는 것인데….'

'초기에 금양호가 작업을 포기하고 침몰까지 한 사건도 있었는데….'

싱숭생숭하다. 물론 나의 답변은 단순했다.

"UDT가 무슨 어선을 운영합니까? 맞지 않는 것 같습니다."

여기 일반 항해과 장교들도 많은데 누군가는 그 업무를 하겠지라는 생각을 하면서, '누군지 몰라도 고생은 많이 하겠구나'라고 위로의 마음을 가졌다. 저녁부터 해상 기상이 안정을 되찾기 시작했다. 이제 하루 남았다. 마무리 잘 해야지….

2
쌍끌이 어선(대평 11/12호)과의 만남

처음에는 '쌍끌이 어선' 운영에 대해서는 정말 상상도 하지 못했다. UDT 특수전 전력을 지휘하는 현장지휘관이, 어선을 통제하는 임무를 생각조차 할 수 있겠는가? 그러나 나에게 지시되고 이행되는 임무는, 타지역에서 들어오는 저인망 어선의 작업에 대해 백령도 및 대청도 어민에게 충분히 이해시키고, 어선과의 갈등이 생기지 않도록 하라는 것이었다.

이전에 '금양호'의 투입에 따라 정주성 중령이 통제를 했었는데, 어민들과 엄청난 갈등이 있었다고 들었다. 옆에 있던 후배들이 엄포를 놓는다.

"쌍끌이 어선을 맡게 되면 힘드실 겁니다."

여기는 '전쟁터'다. 아직까지 치열한 전투가 진행되고 있고… 누가 해야 할 일인지 따지고 있다가는 모두가 공멸한다. 부여된 임무가 있으면, 완수할 수 있도록 최선을 다해야 한다. 군인이라면.

◎ 2010.4.30.(금) 맑음, 파고 1.5m

날벼락

오전 회의시 탐색구조단장님께 복귀 신고를 준비했다. 그런데 갑자기 날벼락 같은 상황이 전개되었다.

"사령관님! 이제 곧 쌍끌이 어선이 이곳에 들어오는데, 쌍끌이 어선을 이용해서 어뢰증거물도 찾아야 되고, 무엇보다도 백령도 어민을 설득하는 임무를 권영대 중령에게 맡기는 것이 좋겠습니다. 함장 포함 함정경력도 많고, UDT이기 때문에 적임자라고 판단됩니다."

사전에 전혀 협조되지 않은 사항을 김창헌 대령이 탐색구조단장님께 보고하였다.

"응? 그래, 權 중령 할 수 있나?"

갑작스런 상황진행과 질문에 머뭇거림 없이 즉시 답변을 했다.

"예, 열심히 하겠습니다."

나도 어쩔 수 없는 군인인가 보다. 오늘이 진해로 복귀하는 날이며, 항공기가 기다리고 있다고 답변이 나왔어야 하는 건데….

도대체 무엇을 해야 하는 것인지…. 해야 할 일을 정리해 보았다. 확인결과 앞이 캄캄하였다. 백령도와 대청도 어민들은 저번 금양호 이후 해군에 대한 인식이 최악의 상태로, 가급적 접촉을 하지 말라고 하는 것이 금양호 통제관이었던 정주성 중령의 조언이었고, 백령도 해저지형은 쌍끌이 어선이 운영될 여건이 전혀 되질 않았다. 또 시련을 겪겠구나 하는 생각이 들었다.

1050분경 국가정보원장이 현장방문 및 격려차 방문하였다. 국정원에서는 최선을 다해서 진상을 추적중이라는 이야기였다.

오후에 쌍끌이 어선 대평11, 12호가 백령도 인근에 도착해서 投錨(투묘)하였다. 일단은 만나보고 차근차근 문제를 풀어나가기로 계획을 세웠다. 오후 잠수작업을 지시하고 1400시 대평호로 출발하였다.

편한 상대, 선주·선장

대평호에 도착 후 선장을 찾았다. 조타실에는 선장과 선주가 같이 있었다. 선주는 김철안 씨로 어선과는 어울리지 않는 모습을 하고 있었고, 선장은 생각보다 몸집이 작고 차분한 사람이었다.

먼저, 어선의 상태 및 작업방법, 보유 장비 등을 파악했다. 그물망의 규격, 능력, 1일 작업가능시간, 그 외 필요사항 등 세부적인 사항을 확인하였다. 생소하지만 재미는 있을 것 같았다. 쌍끌이 어선은 기본적으로 해군본부에서 고용한 상태이기 때문에 하나하나를 지시하듯 설명하였다.

① 작업과 관련해서는 철저하게 지시에 따르고 보고 없이 행동하지 말 것.

② 수거물은 뻘 한 부분까지도 전량 인계할 것. 특히, 찾고자 하는 것이 손톱 크기 정도이니 일체 손대지 말 것.

③ 작업중 생기는 어획물은 피라미 크기라도 무조건 반납할 것.

④ 백령도 어민과의 마찰방지를 위해서 선원 총원의 백령도 상륙을 불허함. 꼭 필요할 시 허가를 득하기 바람.

⑤ 어선의 위치는 항구 여건에 따라 입출항이 불가하므로 장촌항 입구에 투묘 대기할 것.

기타 여러 가지 사항을 이야기했는데 상호 충분히 공감대를 가질 정도

해저잔해물 수거를 위해 제작된 형망-백령도 어선에 탑재되었다.

로 합리적이고 협조적이었다. 최초 생각과는 달리 선주와 선장은 편하고 금방 마음이 통하는 것이 무척 마음에 들었다. 저녁에 작업환경을 확인하기 위해서 魚群(어군)탐지기를 이용해서 해당구역을 탐색하겠다고 해서 그렇게 하라고 했다. 적극적인 자세가 선입견을 완전히 해소시켜 주었다.

오후에는 백령도에 入島(입도)했다. 실로 1개월이 넘는 기간 만에 육지를 밟아본 것이다. 김대훈 소령이 그동안 백령도에서 진행되었던 전반적인 상황을 설명했다. 형망어선을 3일째 운용중이나 발견되는 것은 거의 없고, 매번 시간만 소모하고 있다고 했다. 특히 백령도 주민들은 '효과가 없는 형망어선 작업에 대해서 지극히 부정적이며, 빠른 시간 내 해군의 작업종료 및 까나리어장 조기 개방을 강력히 요구'한다는 것이었다. 더 이상 형망어선은 불필요한 것으로 판단되었다. 따라서 상부에는 형망어선 작업 불필요성을 보고하였고, 하루만 더 작업을 하는 것을 마지막으로 종료하기로 결정했다.

문제는 불만이 많은 백령도 어민이었다. 내일 어촌계장 및 어민, 관련부대 및 관계관 총원의 소집을 지시하였다. 어차피 부딪혀야 하는 상황이었다. 저녁에 숙소인 연봉회관으로 이동했다. 그동안 어민과의 관계를 정리하였고 대안을 마련하였다.

저녁 늦게 대평호로부터 어군탐지기 운영결과에 대해 연락이 왔다. 특이사항은 없고, 지형의 굴곡이 다소 있고, 沈船(침선)이 접촉된다는 것이다. 침선은 전부터 소해함에서 접촉이 된 오래전 침몰선인 것으로 알고 있었다.

정확한 해저사항을 확인하기 위해서 내일 停潮(정조) 시간에 재탐색을 건의했다. 가급적 세부적인 탐색이 될 수 있도록 신경 써 달라고 했다. 각종 고민에 잠이 오질 않는다.

일과현황보고 (4.30/금)

□ **형망어선 함수구역 해저잔해물 수거 작업**

- ○ **시 간 : 07:30 ~ 16:30시**
- ○ **장 소 : 형망 탐색구역**
- ○ **세 력**
  - – 어 선 : 연성호 등 5척
  - – 어 민 : 어촌계장 최치호 등 15명
  - – 해 군 : 통제장교 소령 김대훈 등 5명(척당 1명 편승)
- ○ **탐색결과 : 폐 조개껍질 및 자갈 등 소량 인양, 특이사항 없음**
  - * 인양물 6여단 해병대대 인계완료

※ 현장 상황(판단)

○ 3일간에 걸친 함수구역 해저잔해물 수거작업은 효과가 극히 미흡

→ 저질이 대부분 모래와 자갈로 수거량 극히 저조 및 해당구역 내 잔해물은 더 이상 없는 것으로 판단됨

○ 백령주민들은 효과없는 형망어선 작업에 대하여 지극히 부정적이며 작업 종료 및 까나리어장 조기 개방을 강력히 요구함

→ 상기구역에 대한 증거물 확보추진은 더 이상 불필요할 것으로 판단됨

□ 쌍끌이 어선 탐색 사전 협조 회의

○ 시간/장소 : 14:00 ~ 15:30시 / 대평 11호 선실

○ 참 가 자

- 탐색구조단 : 통제장교 중령 권영대 등 2명

- 기타 : 해병대 관계관 및 대평수산 대표 김철안 등 2명

○ 회의결과

- 쌍끌이 어망 이용 인양절차 확인 및 작업일정 조율

- 작업구역 작전환경 설명 및 어군탐지기 이용 탐색일정 조율

※ 세부 회의 결과(협조사항)

○ 작업시작 시기는 함미구역 내 중량 잔해물 인양 후로 통보

→ 작업시작 전 자함 어탐기에 의한 해저상태 확인 요구로 정조시간대 구조함에 의한 작업시간을 제외한 시간에 탐색 허용

* 해저지형 관련 자료 요구는 해저면 저질(자갈,모래), 일부 굴곡이 있는 선에서 통보

○ 작업방법 협의

→ 그물망 길이 고려 작업구역 1NM[30)]전 투망, 400yds 통과 후 양망, 1회 1시간 소요 (수거물 분리작업시간 고려시 총 2~3시간 소요)

→ 작업시 조류에 관계없이 작업가능하며, 1회 작업은 회전반경이 500yds 이상으로 일직선 통과가 1회 작업임

---

30. NM(Nautical Mile): 1NM=1해리(海里)=1852.3m

→ 그물망에 가장 영향을 미치는 것은 암초(암반)으로 사전 어탐기에 의한 확인 필요

→ 개략적인 1일 작업횟수는 2~4회이나, 상황에 따라 변동 예상

○ 그물망 관련 사항

→ 그물망 길이 60M, 폭 20M, 그물눈 5mm×5mm

→ 그물망은 2 set 보유중이며, 단순 손상시 자체 수리 가능, 암초에 의한 그물망 유실시 전면 교체 필요

○ 수거물 처리 관련

→ 수거물 전량(어획물 포함), 처리는 현장통제관에게 있으며 현장에서 1차 분류작업 후 사낭(3천개 보유)에 담아 RIB으로 백령도 이송

* 용기포항 및 장촌항은 수심제한 및 여건 불충분으로 입항 불가

* 포획된 어패류는 전량 백령어민에게 인계 예정

○ 기 타

→ 쌍끌이 어선은 작업기간중 백령도 장촌항 근해 투묘 예정

→ 쌍끌이 어선은 각 척당 선원은 선장포함 14명으로 파악

□ 쌍끌이 어선 어군탐지기 이용 탐색

○ 시간/장소 : 19:00 ~ 20:00시 / 함미구역

○ 세 력 : 대평 11호

○ 내 용 : 쌍끌이 작업 전 어군탐지기 이용 해저지형 탐색

○ 결 과 : 작업환경상 특이사항 없음

□ 예정일과[5. 1.(토)]

▲ 형망어선 해저수거 작업 / 07:30 ~ 16:30시 / 형망 탐색구역

▲ 쌍끌이 어선 어군탐지기 이용 탐색

○ 시 간 : 08:00 ~ 10:00, 12:00 ~ 16:00시

○ 장 소 : A구역

○ 내 용 : 쌍끌이 작업前 어군탐지기 이용 해저지형 추가 탐색

▲ 쌍끌이 어선 탐색 관련 장촌어민 협조회의

○ 시간/장소 : 17:00 ~ 18:00시 / 6여단 소회의실

○ 대 상

– 탐색구조단 : 통제장교 중령 권영대 등 2명

- 기타 : 해병대 관계관 및 어민 대표

○ 주요 내용
- 쌍끌이 어선 탐색 시기/방법/구역 등 현지어민 대상 설명
- 쌍끌이 어선 탐색 관련 타구역작업 등 우려사항 불식
  * 필요시 현지어민 편승 권고 예정
- 기타 현장상황 관련 요구사항에 대한 답변 방안
  ★ 함수구역 조기개방 요구
  → 상부에 건의 등 어민피해 최소화를 위한 노력 중
  ★ 기간중 또는 차후 피해에 대한 보상 요구
  → 상부에 현지어민의 애로가 충분히 설명이 되도록 최선의 노력을 다하겠음

◎ 2010.5.1.(토) 맑음, 파고 1.5m

어민 설득에 성공

0730분부터 형망어선에 의한 함수구역 해저 잔해물 수거 작업이 실시되었다. 형망어선 마지막 운용결과는 폐 조개껍질과 자갈 등 쓸모없는 물건들이 올라왔다. 상부에서도 형망어선 운용 종료지시가 나왔다. 이제는 쌍끌이 어선에 집중할 수 있게 된 것이다.

대평호는 정조시간인 0800시부터 어군탐지기 운용 시험을 실시하였다. 운용 결과는 매우 심한 굴곡의 해저지형으로 그물망 중량물을 조정하여야 하고 이미 식별된 침선 외 특이 접촉물은 없다는 것이었다.

전반적인 사항을 상부에 보고하고, 1700시부터 해병대대 지휘통제실에서 협조회의를 주관했다. 탐색구조단에서는 김대훈 소령이 대표로 참석하

였고, 해병대 현지부대 대대장, 합조단의 국방부 조사본부 3과장 고광준 공군중령 등 3명, 남3리 어촌계장 최치호 등 2명, 연지 어촌계장 김복남, 백령면 산업담당 이한석, 해양경찰 백령출장소장 천성안 경위, 수협 백령 지점장 한만희 씨 등 다수의 인원이 참석했다.

"현재 여러분도 잘 아시겠지만 지금 해군이 하는 업무는 국가의 운명을 좌우할 수 있는 사항입니다. 지금 이 시기에 개인이 전혀 손실을 보지 않고 이익을 추구한다면 나라의 운명은 어떻게 되겠습니까? 역사가 쓰이는 중심에 여러분이 있다는 것을 생각하시고 적극적인 협조를 바랍니다."

이렇게 운을 떼고 쌍끌이 어선 탐색 시기, 방법, 구역, 필요성 등을 세부적으로 현지어민에게 설명했다. 어민들의 요구는 '쌍끌이 어선 탐색 관련해서는 수긍하지만, 투망 후 인양된 어패류는 모두 장촌 어촌계에 반납해줄 것'이었다.

"그물에 걸려오는 것은 피라미라도 반드시 여러분에게 돌려 드릴 것이며, 서로 오해가 없도록 어민 대표로 한 분이 직접 타실 것을 협조드리겠습니다."

나름대로 강하게 나아갈 필요가 있었다. 의논 결과 첫날 작업시 어민 대표로 청년회장이 타는 것으로 결정되었다. 두 번째 안건은 백령도 어민의 까나리 어장 早期(조기) 개방 요구였다.

"여러분의 상황을 상부에 건의하여 어민피해가 최소화하도록 노력중이며, 각종 애로사항이 즉각적으로 반영될 수 있도록 상시 연락체계를 갖출 수 있도록 하겠습니다. 다만, 올해는 여러분도 어느 정도 손해를 감수할 수밖에 없으며 대한민국 국민으로서 수긍해 주시기 바랍니다."

의외로 반응들이 긍정적이었다.

"그렇다고 1년을 망칠 수는 없지 않습니까? 끝나는 날짜를 확정해 주십시오!"

"늦어도 5월 말까지입니다. 그 안에 끝을 내도록 최선을 다하겠습니다."

확신을 줄 필요가 있었다. 물론 끝나지 않을 수도 있지만 나부터도 5월을 넘기고 싶지 않았다.

세 번째는 쌍끌이 어선의 수거물과 관련된 사항이었다. 매번 1~2톤의 수거물을 전부 확인하고 분류한다는 것은 거의 불가능에 가깝기 때문에 협의가 필요한 사항이었다. 결론적으로 合調團(합조단) 관계관이 각 어선에 1명씩 편승하고 수거물중 불필요 내용물을 분류하여 채취량을 최소화하며, 의심 수거물 위주로 RIB를 이용, 해병대대에 집결시켜 정밀 확인하기로 하였다.

성공적인 협조회의였다. 상호 충분한 공감대가 형성된 것 같아 뿌듯하기 그지없다. 내일부터는 오직 한 가지만 생각해야겠다. 탐색구역 인근에서 시험 투망을 하는 것으로 협조를 완료하고, 따뜻한 온돌방에 누웠다.

일과현황보고 (5. 1/토)

ㅁ 형망어선 함수구역 해저잔해물 수거 작업

○ 시간/장소 : 07:30 ~ 16:30시 / 형망 탐색구역

○ 세 력 : 연성호 등 5척

○ 탐색결과 : 폐 조개껍질 및 자갈 등 소량 인양, 특이사항 없음

* 인양물 해병대대 인계완료

※ 현장 상황(판단)

○ 3일간에 걸친 함수구역 해저잔해물 수거작업은 효과가 극히 미흡

→ 저질이 대부분 모래와 자갈로 수거량 극히 저조 및 해당구역 내 잔해물은 더 이상 없는 것으로 판단됨

○ 백령주민들은 효과없는 형망어선 작업에 대하여 지극히 부정적이며 작업 종료 및 까나리어장 조기 개방을 강력히 요구함

→ 상기구역에 대한 증거물 확보추진은 더 이상 불필요할 것으로 판단됨

□ 쌍끌이 어선 어군탐지기 이용 탐색

○ 시 간 : 08:00 ~ 10:00시

※ 정조시간 탐색작업 고려 정조外 시간대 탐색

○ 장소/세력 : 함미구역 / 태평 11호

○ 탐색결과

– 함미구역 해저지형은 심한 굴곡으로 그물망에 중량물 조정 판단

– 기 식별된 침선外 특이 접촉물은 미식별

□ 쌍끌이 어선 탐색 관련 장촌어민/합조단 협조 회의

○ 시간/장소 : 17:00 ~ 18:00시 / 6여단 해병대대 지휘통제실

○ 대 상

– 탐색구조단 : 통제장교 중령 권영대 등 2명

– 해병대 : 6여단 대대장 등 1명

– 합조단 : 국방부 조사본부 공군중령 고광준 등 3명

– 어민/관 : 어촌계장, 면사무소, 해경, 수협 관계관 등 6명

○ 회의결과

– 쌍끌이 어선 탐색 시기/방법/구역 등 현지어민 대상 설명

☞ A구역 쌍끌이 어선 탐색 관련하여 수긍하였고 다만 어선 탐색시 인양된 어·패류는 장촌 어촌계에 전량 인계 요구

답변) 전량 인계토록 하겠으며, 어민대표가 쌍끌이 어선에 편승하여 확인하여도 무방함.

※ 작업 첫날에 어민대표 1명이 편승 예정

– 쌍끌이 탐색시 수거물 분류 관련 협의 결과

· 합조단 관계관 각 어선 1명씩 편성 운용

· 수거물중 불필요 내용물 분류를 통한 채취량 최소화

· 의심 수거물 위주 RIB를 이용한 해병대대 집결 조치

※ 1회 순수 작업시간이 1시간임을 고려시 분류 작업시간이 전체 일정에 영향을 주는 관계로 작업시간 최소화 조치 필요

– 어민의 까나리어장 조기 개방 요구에 설명

· 상부에 건의하여 어민피해 최소화를 위해 조치 중이며,

· 상부에 현지어민의 애로가 충분히 설명이 되도록 최선의 노력을 다하겠음

□ 예정일과

▲ 쌍끌이 어선 시험 투망

○ 시간/장소 : 08:00 ~ 12:00시 / 함미구역 서 · 남방 500yds 지점

○ 세 력 : 태평 11/12호

※ 소령 김대훈 등 4명이 각 어선에 2명씩 편승

○ 내 용 : 해저 상태를 고려한 그물망 중량물 조정에 따른 해저접촉 상태 확인

3
증거물은 어떻게 찾아야 하나?

부여된 큰 임무는 무난하게 수행한 것으로 판단되었다. 그러나 쌍끌이 어선을 운영해서 결정적 증거물을 찾는다는 것은 심각하게 생각해보지 않았다.

시작단계부터 만들어내야 한다는 것들이 많은 부담감을 주었다.

사실 나는 배멀미가 심한 편이다. 지금까지 해군 생활을 한 것도 신기할 정도이다. 물론, 예전보다 많이 적응되기는 했지만 오죽하면 함정 근무가 힘들어서 UDT 교육을 받겠다고 했을까….

많은 고민과 지식이 필요하고, 극도의 창의성이 요구되는 시기였다. 수중 잔해물 탐색의 전문가인 52전대장 김창헌 대령의 도움은 절대적이었다.

◎ 2010.5.2.(일) 맑음, 파고 2m, 풍속 20kts

쌍끌이 어선 시험 운용

기상이 다소 불량한 가운데 0830분부터 쌍끌이 어선 운용시 문제점과 성능을 확인하기 위한 시험운용을 두 번 실시하였다.

1차는 핵심구역 서남방 약 500야드 지점, 2차는 서남방 7海里(해리) 지점이었다. 1차 운용(0900~0930분)시에는 강한 조류로 그물 중량에 따라 어선이 해안으로 밀리는 현상이 발행하여 다소 위험한 상황을 확인할 수 있었다. 外海(외해) 등 일반 쌍끌이 작업에서는 조류에 밀리는 현상을 신경 쓸 필요가 없지만 해안과 거리가 얼마 되지 않는 곳에서는 조류의 영향을 받을 수밖에 없는 것이다.

2차 운용(1030~1120분)은 안전을 고려, 충분히 離隔(이격)된 지점에서 실시했다. 그물 전개 후 작업 적정속력 확인을 위해 약 2.5해리를 작업했고, 돌, 자갈, 어물(가자미, 불가사리 등) 약 20kg을 올렸다. 잡은 어물은 전량 백령어촌계에 통보하고 인계조치하였다. 특히 정확히 식별되지 않은 수거물들은 대부분 모래주머니에 넣어서 합조단에 인계를 하였다. 보통 한 번 양망시 모래주머니의 소요는 10개 전후였다.

"양이 많아지면 사낭(주머니)이 부족하겠는데요, 사낭의 여유가 얼마나 있어요?"

합조단에서 군수를 담당하는 수사관에게 물어보았다. 사낭이 부족하게 되면 낭패를 볼 수도 있겠다는 생각이 들어서이다.

"사낭 말이신가요? 여기 백령도에 준비된 것만 3000개입니다. 혹시 더 필요하십니까?"

대단한 숫자다. 앞으로는 아끼지 말고 웬만한 수거물은 현장에서 일일이 분리하지 말고 사낭에 담아서 보내야겠다는 생각이 들었다.

시험 운용 결과 인양물에 큰 돌멩이와 불가사리 등이 포함되어 있는 것을 고려할 때 해저면 작업이 제대로 된 것으로 판단되었다. 작업중 그물망이 약 20m 손상을 입었는데 현장에서 그물망 보수가 가능하였고 소요시간은 약 5시간이었다.

지속적인 기상불량으로 작업이 원활치 않았다. 선장은 이 정도 기상에서도 문제가 없다고 자신 있어 하지만 아무래도 안전을 고려하면 제한치를 두어야겠다는 생각이 들었다. 기상불량에 따른 避港地(피항지)를 소청도 인근으로 지정하여 운영하기로 하고 작업제한 기상치를 선정하였다.

장기간 작업을 염두에 두고 각종 규칙을 고민하여 설정하였다. 파견 나온 합조단과 백령도 어민 대표와도 긴밀한 협조를 유지할 필요성도 있어, 전반적인 사항을 지속적으로 협조하였다. 쌍끌이 어선이 부두 繫留(계류)가 불가하여 현장이동을 위하여 해병대 RIB의 협조를 받았고, 수거물의 명확한 확인을 위한 합조단과의 협조체계도 원하는 방향으로 정립되었다.

워낙 국가적 관심사항이라 사소한 부분이라도 쉽게 생각할 수 없기 때문에 대원들에게도 수시로 교육을 시키기로 하였다. 관련 요소가 너무 과다하다는 생각도 들었지만 어차피 해결해 나가야 하는 사항이다. 다행스럽게도 모두가 협조적이라 지금까지는 차질 없이 돌아가고 있지만 어떤 변수가 생길지 모르기 때문에 하나하나를 체크해 나갈 수밖에 없다.

밤 늦도록 김대훈 소령과 토론을 하고 현황보고를 작성하여 발송하였다.

보고서를 작성하는 방식은, 김대훈 소령이 실시한 작업일지와 航走(항주) 도표 등 기본적인 자료를 작성하고 내가 전반적인 상황판단과 차후계획을 수립하는 절차로 이루어졌다. 또 하나의 문제점으로 보고된 것은 갈수록 수신처가 기하급수적으로 늘어간다는 것이다. 가급적 많은 부서가 공유해야 하고 잘못된 내용이 알려지지 않아야 되는 게 나의 판단이었다.

김대훈 소령에게 자료를 요구하는 부서는 다 포함시키라고 지시하였다. 어느 순간부터 편한 잠을 자기가 힘들어졌다. 수많은 생각들이 머릿속을 맴돌다 일부는 꿈 속에서 해결되는 것 같다. 내일도 기상이 좋지 않을 것 같다. 할 때까지 해보자….

일과현황보고 (5. 2/일)

□ **쌍끌이 어선 시험 운용**

○ **목 적 : 해저지형 굴곡 고려 그물망 중량조정에 따른 시험운용**

○ **시 간 : 08:30 ~ 12:00시**

○ **장 소**

– 1차 : 함미구역 서 · 남방 500yds 지점

– 2차 : 함미구역 서 · 남방 7NM 지점

○ **세 력 : 태평 11/12호**

○ **시험운용 결과**

– 1차 운용(09:00 ~ 09:30시)

· 강한 조류로 그물 전개시 어선이 해안으로 밀리는 현상 발생

· 양망시 선박이 해안근접 우려로 시험가능 구역 외곽으로 변경

* 작업시 현장 조류 5kts, 파고 1.5m(너울 동반)

– 2차 운용(10:30 ~ 11:20시)

· 그물 전개 후 작업 적정속력 확인을 위해 약 2.5NM 작업

· 인양물 : 돌 4개(지름 약 20cm), 자갈 1 사낭, 어물 20Kg(가자미, 불가사리 등 잡어)

* 획득어물은 백령 어촌계 통보완료 및 차후 인계조치 예정

□ **시험운용 결과 분석**

– 인양물에 대형 돌맹이 포함으로 해저면 작업이 제대로 된 것으로 판단

– 모래/펄은 포함되지 않아 차후 분류작업시 시간절약 가능 예상

– 단, 차후 함미구역 작업시는 다량의 인양물이 있을 것으로 판단됨

· 작업 중 그물망 약 20m 찢어짐(해저 암반에 의한 손상판단)

*** 현장에서 그물망 보수 중이며 5시간 소요**

*** 참고) 그물망 유실을 제외하고 현장 보수 가능**

*** 참고) 동일 특수그물망 2 SET 보유 / 각 척당 1 SET**

– 쌍끌이 운용 관련 참고내용

· 작업시 선박간 간격은 200yds 내외로 운용 / 속력 : 2~4kts

· 쌍끌이 예인색 포함 총 길이 360m 운용 (그물망 길이 : 60m)

· 작업제한 기상 판단 : 조류 3kts 이상, 파고 2M(너울 동반) 이상

· 피항지 : 소청도 북방 1000yds 투묘 피항

□ **예정일과[5. 3.(월)]**

▲ 쌍끌이 어선 함미구역 잔해물 인양 작업

※ 기상호전, 상부허가 등 여건 조성시

○ 운용시간 : 08:00 ~ 17:00시

○ 운용방법 : '4.30(금) 일과현황보고' 참조

○ 편승인원(각 척당 4~5명)

– 탐색구조단 UDT 요원 각 3명 / 책임장교 각 척당 편승

– 합조단 책임관 각 1명

– 백령도 어민 대표 1명(필요시)

○ 수거물 분류/후송 방법

– 현장분류(돌멩이 등 상식선에서 불필요 물질 제외로 중량 최소화)

* 분류 후 20kg들이 자루에 적재 / 현재 자루 3000장 보유

– RIB 4척(해병 2, 구조함 2척 각 1) 이용 해병대대 이송

* 쌍끌이 어선 입항 가능 부두가 없어, RIB로 이송 불가피

○ 기타 조치사항

– 작업전반 선원에 의한 사진촬영, 언론접촉 등 강력 통제 조치

– 작업종료 후 백령도 장촌항 근해 투묘 대기 조치

* 현장 건의 및 상부지시 의거 선원 상륙 실시

※ 현장 상황(판단)

○ 함미구역 작업시 예상되는 문제점/확인사항

→ 강조류로 인한 작업제한 요소 확인(가능한 정조시간 활용 필요)

→ 수중 암반, 중량물에 의한 그물망 손상 가능(예비 그물망 효과적 활용 조치)

→ 해저 수거물중 모래, 펄은 거의 없어 분류작업 단축 예상

* 인근해역은 강조류에 의해 펄이 거의 없는 것으로 확인

○ 쌍끌이 어선 투입에 따른 백령도 어민 관계 조치 사항

→ 백령도 어민대상 작업내용 설명 및 협조요청 완료(긍정 반응)

* 백령도 어민은 현시국을 충분히 이해하고 있으며, 협조적인 자세 견지

→ 쌍끌이 어선 대표 및 백령 어민대표 상호간 연락체계 구성 완료

* 어획물 인계협조 등 현재까지 원활한 협조관계 유지중

◎ 2010.5.3.(월) 맑음, 파고 2m급, 풍속 25kts, 시정 50yds

쌍끌이 어선 현장 투입 … 빗발치는 보고 독촉

기상예보가 틀리지 않았다. 아침부터 기상이 엉망이다. 일단은 선장의 자신감을 믿고 모든 것을 계획대로 진행시키기로 하였다.

오전에 1차적으로 투망이 가능한지, 해저지형이 문제가 없는지, 底質(저질)은 어떻게 구성되어 있는지를 확인하였다. 여건은 무척 좋지 않았다. 해저 지형은 굴곡이 심하고 상당부분의 자갈과 암반으로 인하여 작업이 쉽지 않겠다는 생각이 들었다. 그러나 못한다고 할 수가 없는 상황이

었다. 진행중 문제점은 최대한 개선방안을 마련할 요량으로 오후에 모든 것을 시스템에 의거 운영하기로 하였다.

쌍끌이 대평 11호에는 합조단에서 파견 나온 표종호 상사가 타고 같이 임무를 수행하고 있다. 헌병 職別(직별)이면서 해병대 출신이다. 오늘 따라 어선을 타고 이동하는 동안 얼굴색이 하얗게 되어서 나타났다.

"괜찮겠어요? 힘들면 침실에 내려가서 좀 누워서 쉬는 게 어떻겠어요?"

"문제없습니다. 생각보다 조금은 힘들지만 이 정도는 충분히 할 수 있습니다."

波高(파고)가 높아 배가 많이 흔들릴 때는 船尾(선미) 쪽에서 혼자서 몰래 구토를 하는 모습을 보았는데 전혀 표를 내지 않는다. 이것도 해병대 자존심인가 보다.

다행히 오후부터는 波高가 조금 낮아졌다. 대평 11호와 12호에 합조단과 백령어민 대표를 분산 편승시켜 작업을 시작하였다. 그물을 투망하여 올리는 작업은 위험하기 짝이 없었다. 엄청난 장력의 그물을 윈치로 (과감할 정도로) 운영하는 모습을 보고 선장에게 안전을 신신당부하였다. 김남식 선장은 이 정도는 문제없고 더 위험한 경우도 많다고 하였다.

평소 안전수칙을 준수하는 군대 체계와는 많이 다른 모습이었고, 어민들이 정말 항상 위험에 노출되어 있고, 결코 쉽지 않은 일을 하고 있구나 하는 생각이 들었다. 작업 가능 시간을 지난 1630분경 强潮流(강조류)로 더 이상 작업이 불가하여 하루 작업을 종료시켰다.

많은 의문과 문제점이 해결되고 식별되었다. 우선적으로 백령도 어민대표에게 어류를 획득하기 위한 그물이 아님을 인식시켰다. 일부 해저에 서식하는 어류가 올라왔지만 워낙 소량이고 어장에는 큰 영향을 미치지 않는다는 것이 어민대표의 판단이었다. 일부 어류는 굳이 반납할 필요 없이 식사 때 매운탕이라도 해 드시라는 기분 좋은 답변을 들었다. 그러나 가급적 모든 어물은 가져다주겠다는 약속을 하고 어촌계에 잘 설명해달라고 부탁하였다.

쌍끌이 실전투입에 따른 문제점은 심각할 정도로 많이 도출되었다. 해저지형이 단순 魚群(어군)탐지기에 의해 확인될 수준이 아니었고, 조류는 생각보다 작업에 영향을 많이 주었다. 무엇보다도 가장 심각한 것은 각종 기관과 부서에서 (작업중) 진행지시와 안전 확인이 불가할 정도로 핸드폰에 의한 실시간 보고를 요구하는 것이었다.

연락수단은 내가 가진 핸드폰 하나지만 국방부, 합참, 合調團(합조단), 海本(해본), 海作司(해작사), 탐색구조단, 6여단 등 全(전) 부서가 실시간으로 보고를 요구했고, 어선에서 보유하고 있는 통신망을 포함해서 현장에서 운영하고 있는 워키토키에서도 숨을 쉴 틈도 없이 호출하였다. 정말 작업을 진행시키기가 불가한 사항이었다. 통신망의 여기저기서 상급자들로부터 우선적으로 보고해 달라는 요구가 이어졌다. 다소 짜증나는 순간들이 생기기 시작했다. 현재 나의 위치는 해군본부 쌍끌이 어선 감독관, 합조단 협조장교, 해군작전사 현장 파견장교, 탐색구조단 쌍끌이 탐색 현장지휘관 등 수많은 직책이 주어져 있었다.

'이 상황을 어떻게 현명하게 해결할 수 있을까?'

주어진 여건이 최악이라도 해결방안은 어떻게든 있는 것이 아닌가….
일단 복귀 후 저녁을 먹고 관계관과 전반적인 결과를 분석하였다. 문제

해결방안 포함 애로사항까지 정리하였다. 특히 실시간으로 보고하라는 문제는 직접 탐색구조단장인 김정두 제독에게 세부적으로 보고하였다. 이 문제가 해결되지 않으면 현장에서는 작업이 불가하다고 하는 강력한 의지를 포함하였다. 전체적인 해결방안을 수립하고 내일 관련기관과 책임자를 소집하여 체계를 재정립하기로 하였다.

결과 보고를 작성하여 보고하고 나니 다시 한 번 혼란스럽고 머리가 복잡해짐을 느꼈다. 잠도 제대로 자지 못하고 내가 할 수 있는 한 최선을 다하고 있는데, 도움이 되는 사항보다는 요구사항이 점점 늘어가고 있어 스트레스가 극에 달한 느낌이었다.

그러나 다른 방법은 없지 않은가? 마냥 부딪치다 보면 또 해결되지 않겠는가…. 밤새 잠이 오질 않는다. 수많은 생각이 오가고, 해결해야 할 문제는 너무 많고….

일과현황보고 (5. 3/월)

□ 쌍끌이 어선 운용

※ 기상 : 파고 2m(荒天 6급) /오후 1.5m, 시정 50yds(저시정 2급)

○ 시 간 : 08:30 ~ 18:30시 / 이동 및 분류작업 시간 포함

○ 장 소

– 1차(적용시험) : 함미구역 외곽 서 · 남방 500yds 지점

– 2차(현장투입) : 함미구역 좌측끝단 선

○ 시험운용 결과

– 1차 운용(10:40/투망 ~ 11:20/양망) / 해저지형 및 底質 확인

· 굴곡이 심하며, 저질은 '펄/모래가 없는 자갈/암반'으로 확인

· 수거물 : 어류 10여 마리

– 2차 운용(15:35/투망 ~ 16:37/양망) / 최초 현장투입

· 편승인원

– 대평 11호 : 중령 권영대 등 7명

* UDT 3, 52전대 조타장, 합조단 2, 백령 어민대표 1

– 대평 12호 : 소령 김대훈 등 3명(UDT)

· 작업방법

– 함미구역 시작점–종료점의 여유를 약 500yds 여유를 두고 총 1500yds 예인 실시(평균 예인속력 1.8kts)

· 인양물 : 큰돌 3개(약 300kg), 자갈 70kg, 어물 30kg, 기타 잔모래뭉치(돌멩이 수준) 및 펄 砂囊(사낭) 4개 분량

* 사낭 – 합조단, 어물 – 백령 어촌계 인계 조치

ㅁ 작업결과 분석

– 함미구역 해저면은 자갈 및 암반 위주로 수거물은 예상 외로 소량임

– 주요 잔해물은 함미구역 중앙(최초 함미부분)에 집중 예상

· 기 타 : 작업 중 그물망 대량 손상(돌멩이 등 큰 부유물 원인)

* 현장에서 그물망 보수 중이며 약 10시간 소요

* 보수용 예비그물망(약 3톤) 평택함 이용 5.4(화) 수급 예정

– 쌍끌이 함미구역 투입 관련 문제점/참고사항

· 해저지형 굴곡 및 장애물 확인을 위해 해저지형도 필요

* 어청도 근해 유사작업시 해저지형, 잔해물 위치 자료 제공 및 인양작업시 소해함에 의한 그물망 위치 지속 통보 실적 참조

(소해함–EOD 유도의 경우와 유사하게 그물망 항로 유도)

· 쌍끌이 어선의 작업은 조류와 무관하나 3가지 제한점 식별

1. 어선은 定針路(정침로) 유지 가능하나, 해저에 있는 그물망은 조류에 의해 휩쓸리는 현상으로 정확한 지점 작업에 제한

2. 금일의 경우 함미구역에 각종 위치부이 설치, 잠수사 작업 등 위험요소 다수로 정확한 지점의 작업이 힘듦

* 전체 함미구역 500yds 내에서 위치부이/잠수사는 중앙(250yds) 위치로 2척의 어선이 정확한 지점 통과를 위해서는 위험요소와 여유거리가 없음

3. 남서→북동으로 이동시 여유공간 협소로 원활한 작업 제한

* 성과있는 작업을 위해서는 역조류를 활용해야 하며, 양망시 조류에 의해 해안으로 밀리는 현상 발생 가능

· **그물망 인양능력에 대한 오해와 진실**

– 그물망 인양능력은 총 4톤임 (단일물체가 4톤이 아님)

* 그물망에 담길 수 있는 총길이는 60m로 일정지점에 과다한 무게가 주어진다면 파손됨

→ 오늘 약 300kg 돌 인양시 파손상태 심각

· **작업시 '실시간 상황보고' 요청부대 다수로 작업에 애로점 발생**

– 위치/위험요소 확인 및 작업지시(어선포함) 등 여유 불충분

– 각종 통신망 이용(商檢網, 워키토키, 핸드폰 등) 지속적 호출로 현장 진행사항 파악도 힘든 경우 초래

– 호출함소(注: 유무선 통신망을 사용, 교신을 위해 호출하는 함정 또는 부대): ○○○○ 등 총 6개소

□ **예정일과[5. 4.(화)]**

▲ 쌍끌이 어선 함미구역 잔해물 인양 작업 / 상부지시 의거

○ 운용시간 : 08:00 ~ 17:00시

○ 편승인원 : 기존과 동일

◎ 2010.5.4.(화) 맑음, 파고 1.5m, 풍속 20kts

"쉽지 않을 거요"

어제 해저 底質(저질)불량에 따른 그물 손상 대책을 논의하기 위해 합조단 및 대평호 선주, 선장 및 백령 어민대표를 소집하여 회의를 실시했다.

"제가 여기서 평생 어로작업을 하고 있지만, 그쪽 구역에는 바닥이 워낙 험해서 저인망 그물을 내릴 생각 자체를 하지 않아요."

어촌계장의 이야기가 이어졌다.

"그리고 조류가 워낙 강해서, 여기 어민들이 주로 까나리를 잡는 이유입니다. 바닥에 깔려 있는 것을 끌어올린다는 것이 쉽지 않을 거요."

역시 시작과 함께 어려움이 동반되었다. 그러나 안된다고 할 수 있는 처지가 아니잖은가. 우선 지속적인 그물 손상에 대비하여 임시적으로 보수하여 사용할 수 있지만 한계가 있기 때문에 추가로 그물을 마련하기로 했다.

천안함 함미 선체 인양시 문제가 되었던 언론보도와 관련되어 확인되지 않은 사항이 유출되는 문제를 원천차단하기로 하였고, 현장 작업에 집중할 수 있는 상급부대와의 보고체계를 정립하기로 했다. 애로점을 보고한지 얼마 되지 않아서 탐색구조단장으로부터 모든 보고는 掃海艦(소해함)을 통해 일괄 보고하는 것으로 정리되었다는 반가운 소식을 받았다.

예전에 고속정 艇長(정장) 근무시에 실제 공군조종사 인명 구조시 각종 통신망에서 艇長을 직접 호출해 보고를 지시, 가장 중요한 인명구조에 차질이 있었던 점을 고려하면, 현장에서 지휘하는 책임자를 호출하여 실시간으로 직접 보고하라는 비효율적인 상황은 없었으면 좋겠다는 생각이 든다.

내일부터는 기상이 불량해진다는 예보가 있다. 평소 함정 근무시에도 이만큼 수시로 기상이 불량해지는 경우가 적었던 것 같은데 하늘이 노해서인지 모르겠다. 하지만 단시간 기상불량은 생각할 여유를 주고, 준비할 시간을 마련해 준다는 의미에서 고마운 일이라고 생각하기로 했다.

저녁 식사 후에 내일 기상불량이 예상됨에 따라 대평호를 평택항으로 출발시켰다.

일과현황보고 (5. 4/화)

□ 쌍끌이 어선 운용시 문제점 관련 협조(10:00 ~ 14:30시)

ㅇ 목 적 : 그물망 손상에 따른 대책방안 강구 및 협조

ㅇ 대 상

- 탐색구조단 : 중령 권영대 등 3명(합조단 1명 포함)
- 어 선 : 태평호 선주 김철안 등 3명(11/12호 선장)
- 백령 어민대표 : 남3리 어촌계장 최치호

ㅇ 회의결과

- **현재 그물망 줄의 두께를 늘리는 방안은 제한**
  - · 새로 제작에 10일 이상의 시간이 걸리며, 최초 시도로 작업가능 여부 판단이 제한됨.
  - · 두께를 늘리더라도 현재 태평호 예인 능력을 고려시 그물망 줄의 두께 20mm 이상은 제한되며, 그물망 두께에 관계없이 현 地質에서는 지속적인 그물손상 현상 발생할 것으로 판단됨.

    * 현 그물망 줄 두께 : 14mm

    * 저질 : 펄/모래가 아닌 소형암초, 자갈 등 날카로운 부분 지속 접촉
- **현 그물망 사이에 14mm 그물망 줄을 넣어 보강 ⇒ 이중 그물망 효과**
  - · 현재 그물망 보강을 위해 14mm 그물망 줄 10롤(롤당 200m/어망 1set 분량)을 부산에서 인천을 경유 백령도로 이송 중

    * 그물망 줄 10롤 현장도착시 보강 소요시간은 12시간
  - · 추가적으로 보강그물 1set를 업체(대어산업/부산 소재)에 의뢰하여 보강된 그물망으로 신규 제작 중에 있음.

    * 보강그물망은 이중 그물망 형태로 5.7(금) 완성되어 백령 이송 예정
  - · 보강 그물망 완성시까지 작업은 기존 그물망으로 지속 실시하고, 손상시 충분한 보수그물(약 3톤 분량) 보유로 현장에서 조치 가능

    ※ 단, 그물망 손상에 따른 보수로 작업지연은 불가피.
  - · 보강된 그물망을 사용하더라도 작업구역 저질 고려시 부분적인 그물망 손상은 불가피하다고 판단됨.
- **백령도 현지 그물망 제작업체는 없으며, 인천에서 주문 사용 중**

□ 쌍끌이 어선 운용시 보안대책 강구

○ 목 적 : 핵심구역 인양작업시 증거물 확보 등에 따른 보안대책 마련

○ 대 상 : 쌍끌이 어선 선원 총원(업체대표, 선장 포함)

○ 보안대책

- 핵심구역 작업시작 시기 고려 개인 핸드폰 수거 / 각 선장보관
- 개인적인 핸드폰 사용시 각 선장 입회하 통화 조치
- 업체대표 및 각 선장에게 각서 수령 조치
- 특히, 對언론 전화통화 및 자료제공 강력통제 / 협조완료

※ 대평11호 선장, 언론사로부터 접촉요청을 받은 적이 있으나 거절

□ 쌍끌이 어선 운용시 과다한 '실시간 보고 요청'에 대한 대안

○ 목 적 : 실시간 현장상황보고 요청시 현장작업 집중 불가에 따른 해소 방안 마련 필요

○ 현실태/문제점

- 쌍끌이 어선 작업시작시 어선이동경로 통제 및 안전위해요소 파악, 작업인원 현장 조정 배치 등 현장상황 집중 필요
- 실시간 현장상황을 각 지휘관 보고를 위해 통신망 폭주 현상 발생

○ 개선대책

- 문자정보망 가능부대(서)는 탐색구조단 발송내용 참조 조치
- 합조단 등 진행상황 파악불가 부대(서)는 탐색구조단 상황실 경유 진행상태 파악 조치
- 작업현장은 탐색구조단 상황실과 지속 연락체계 구성 후 보고

※ 보고내용 : 투/양망예정시간, 투/양망시간, 수거물 현황, 기타 특이사항

※ 기타 세부결과는 기존과 같이 메일로 보고

□ 예정일과[5. 5(수)]

▲ 쌍끌이 어선 함미구역 잔해물 인양 작업 / 상부지시 의거

○ 운용시간 : 08:00 ~ 17:00시

○ 편승인원(각 척당 4~5명)

- 탐색구조단 UDT 요원 각 3명 / 책임장교 각 척당 편승
- 합조단 책임관 각 1명

◎ 2010.5.5.(수) 맑음, 파고 2m, 풍속 30kts, 시정 50yds

쌍끌이 어선 평택民港(민항) 피항

하루 종일 전자결재 체계가 먹통이다. 아마도 기상불량에 따라 일시 접촉이 되지 않는 것 같다.

그동안 정신없이 진행시켰던 작업을 그나마 정리할 시간이 생긴 것 같다. 인원들의 피로감을 풀어줄 필요도 있고, 전반적 작업추진에 필요한 사항을 체계적으로 정립할 필요도 있었다. 식사 관계부터 숙소 여건까지 불편함이 없어야 했다. 연봉회관이 당장은 편하기도 하지만 장기적인 여건은 되지 못하기 때문에, 6여단과 협조하여 숙소를 확인해 보기로 했다. 여단 상황실을 방문하고 지원 사항을 협조했다. 결과는 필요한 차량을 충분히 지원받기로 하였고, 숙소는 현재의 연봉회관 외에는 대안이 없는 것 같았다.

대평호와 수시로 연락하면서 진행사항을 확인하였다. 그동안 불안했던 그물망을 보강하고, 신규 제작된 특수그물망을 적재했다는 연락이 왔다.

이제 다소 부족하게 생각되었던 내용들이 해결되었고, 내일은 합조단과 업무처리 절차에 대해서 정립된 체계를 만들어야 하겠다는 판단으로 사전 협조를 하였다. 기상이 점점 불량해지는 것 같다.

저녁 식사 후 연봉회관에 있는 체육관에서 운동을 했는데, 몸 전체가 정상인 곳이 없는 것 같다. 마치 로봇이 운동하는 모양새가 나온다. 잠시라도 시간을 내어서 매일 운동을 해야겠다는 생각이 든다. 간만에 일찍 잠자리에 들게 되었다. 피로가 누적되어서는 안 되기 때문에 대원들에게도 일찍 취침할 것을 지시했다.

◎ 2010.5.6.(목) 맑음, 파고 3m, 풍속 30kts, 시정 1nm

노련한 선장에 안도

지속적인 기상불량으로 그동안 부족했던 업무를 보강하였다. 무엇보다도 합조단과 세부적인 토의가 필요한 상황이었다.

문제의 핵심은 어떻게 천안함 침몰의 원인을 찾고 증명할 수 있는가였다. 오전에 합조단 대표로 나와 있는 공군 고광준 중령과 각 분야 책임자들을 소집하여 연봉회관에서 회의를 실시했다.

특히 불필요한 수거물에 대한 현장처리가 해결되어야 했다. 결론은 현장에서 감독관이 판단하고, 편승하고 있는 합조단 요원의 협조하에 불필요한 바위, 모래덩어리 등은 현장에서 제거하기로 하여 작업소요를 대폭 줄였다. 따라서 작업진행 속도를 더 한층 빠르게 할 수 있는 여건을 마련한 것이다.

각종 보고서 작성시 상호 협조하에 보고내용을 통일시키기로 하여 상급부대에서 불필요한 오해가 생기지 않도록 협조하였다. 탐색구조단에는 소해함을 이용한 작업방안을 마련하고, 소해함을 지원받기로 결정하였다.

기상이 호전됨에 따라 저녁 식사 후에 대평호를 출항시켰다. 너울성 파고가 있기 때문에 안전항해를 신신당부하고, 우발상황에 대해서는 즉각 보고를 요구했다. 엔진고장이라도 나게 되면 모든 것에 차질이 생기기 때문에 무척 신경 쓰이는 부분이다. 선장님이 워낙 노련하게 모든 일을 처리하기 때문에 그 부분은 걱정을 접어도 될 것 같다.

일과현황보고 (5. 6/목)

※ 5. 5(수) 기상불량으로 전자결재체계 접속 불가

□ 쌍끌이 어선 피항

○ 일 시 : 5. 4(화) 18:45

○ 장 소 : 평택항(민항) 동 1부두 / 입항 : 5. 5(수) 09:30시

□ 쌍끌이 어선 보수 그물망 적재

○ 일 시 : 5. 5(수) 10:00 ~ 11:00시

○ 장 소 : 평택항(민항) 동 1부두 / 평택함(군항) → 대평 11/12호(민항)

○ 대 상 : 보수 그물망 3톤

○ 내 용 : 평택함 이용 해상이송 예정이었던 보수그물망을 대평호 평택항(민항) 피항에 따라 육상이동 적재작업

□ 특수그물망 자체 보강 작업

○ 일 시 : 5. 5(수) 11:00 ~ 5. 6(목) 16:00시

○ 장 소 : 대평 11호 갑판

○ 인 원 : 선주 김철안 등 25명

○ 내 용 : 현 그물망 사이에 14mm 그물망 줄을 넣어 보강 작업 / 1set

□ 신규제작된 보강 특수그물망 적재(부산→평택)

○ 일 시 : 5. 6(목) 16:00 ~ 17:00시

○ 장 소 : 평택항(민항) 동 1부두

○ 내 용 : 신규 제작 의뢰한 보강된 특수그물망(1set) 적재작업

※ 어선 보유 특수그물망 : 기존 1set, 보강된 특수그물망 2set

□ 백령도 업무협조반–합조단(백령도)간 협조회의

○ 일 시 : 5. 6(목) 10:00 ~ 14:00시

○ 장 소 : 백령도 업무협조반(연봉회관 소연회장)

○ 참가자

– 업무협조반 : 중령 권영대 등 3명

– 합 조 단 : 국방부 조사본부 3과장 공군 중령 고광준 등 2명

○ 회의결과

- **효과적인 인양물 분류 방안 강구**

→ 현장(감독관 · 합조단) 판단하에 불필요(큰바위 등) 인양물 제외

→ 금속물 등 주요 수거물 특별취급 및 신속 이송 조치

- 효율적인 쌍끌이 어선 운용방안 토의

→ 핵심구역 내 효과적인 해저 잔해물 인양 방안

※ 소해함을 이용한 어선유도 방안 마련 : '별지' 참조

- 합조단, 해군 상호 보고시 협조하 내용 통일 합의

ㅁ 쌍끌이 어선 출항 : 5. 6(목) 18:00시 / 현장도착 ETA 5. 7(금) 06:00시

○ 이동속력 : 10kts (최대속력 : 15~16kts)

ㅁ 예정일과[5. 7(금)]

▲ 쌍끌이 어선 함미구역 잔해물 인양 작업 / 상부지시 의거

○ 운용시간 : 08:00 ~ 17:00시

○ 편승인원(각 척당 4~5명)

- 탐색구조단 UDT 요원 각 3명 / 책임장교 각 척당 편승

- 합조단 책임관 각 1명

○ 작업내용

- 보강 특수그물망 적용시험

- 소해함을 이용한 어선 유도 운용시험 / 상부승인시

별지) **소해함을 이용한 쌍끌이 어선 유도방안**

ㅁ 개 요

효율적인 쌍끌이 어선 운용을 위해 소해함을 이용한 어선 유도방안임.

ㅁ 핵심구역 내 시험운용시 식별된 문제점

▲ 예인작업시 어선은 계획된 침로로 기동 가능하나, 수중 그물망의 침로는 식별 불가

○ 작업시 핵심사항은 어선의 기동이 아니라 '수중 그물망의 기동'임

○ 핵심구역 내는 소용돌이형 조류형태로 정확한 그물망 위치 파악불가

* 부착된 '어망감시기'는 그물망이 제대로 작동하는지만 확인 가능
* 魚探機(어탐기)로도 300m 후방에 위치한 그물망의 수중위치 확인 제한

▲ 정확한 그물망의 구역 내 작업상태 확인 불가로 장거리 예인 불가피
ㅇ 핵심구역 500yds를 포함하기 위해 1500yds 예인 실시
ㅇ 장거리 예인에 따른 그물망 손상 가능성 및 시간소요 증대

▲ 핵심구역 내 대형 장애물(침선, 암반 등)에 그물망 유실 가능
ㅇ 핵심구역은 협소하여 해저 장애물(특히, 침선)에 많은 영향을 받음
ㅇ 해저 그물망이 조류 등의 영향으로 장애물 접촉 가능성 다대

□ 개선방안(건의) / '소해함을 이용한 어선 유도'

▲ 그물망 투망후 소해함을 인근에 배치, 그물망 식별 및 어선 유도
ㅇ 수중 그물망을 중심으로, 정확한 Leg기동을 위해 어선을 유도
※ 어선 기동 속력 2kts이하 고려시 소해함 접촉 가능 판단 / 시험적용 필요
ㅇ 소해함은 그물망 50yds 위치에서 진입점-종료점 확인 후 통보
ㅇ 특히, 침선 등 장애물 접촉시 회피 가능하도록 어선 적극 유도

▲ 기대효과
ㅇ 계획된 Leg기동의 정확성 증대
ㅇ 어선의 불필요한 기동거리 축소로 그물망 손상/소요시간 감소

□ 승인하여 주시면 52전대와 협조하여 추진하겠습니다

◎ 2010.5.7.(금) 맑음, 파고 2m, 풍속 30kts

'정확한 그물 위치의 문제' 논의

아침부터 파고는 낮아졌지만, 바람이 많이 불고 있다. 탐색구조단에 건의한 대로 소해함 소나를 이용해서 정확한 그물 위치를 확인하는 방안을 정립하기 위해 소해함 부장과 선주, 선장 등과 대평호에서 회의를 실시했

다. 그물망에 다량의 철 구조물이 있기 때문에 충분히 소나 접촉이 가능하리라 판단되었다. 따라서 해저의 정확한 작업위치를 확인할 수 있는 방안이었다. 각종 통신망 체계를 확인하고, 해저에서의 장애물을 적극 회피할 수 있는 방안이 마련된 것 같다.

회의가 끝나고 오랜만에 운동을 했다. 체력검정이 걱정되기 시작했기 때문이다. 이 상태로는 특급은커녕 합격 여부도 불투명하겠다는 생각이 들었다.

저녁에 대평호의 정확한 제원을 상부에 보고서로 알려주었다.

일과현황보고 (5. 7/금)

□ **소해함을 이용한 어선 유도 절차 협조회의**

○ **시 간 : 13:30 ~ 14:30시**

○ **장 소 : 대평 11호 조타실 (현위치 : 장촌포구 500yds 투묘 대기)**

○ **참가자**

– 업무협조반 : 중령 권영대 등 3명

– 소 해 함 : 소해함 부장 대위 이준규 등 3명

– 어 선 : 선주 김철안 등 3등(대평11/12호 선장)

○ **회의결과**

– 유도절차 토의

· 수중 그물망을 중심으로, 정확한 Leg기동을 위해 어선을 유도

· 소해함은 그물망 100yds 위치에서 진입점–종료점 확인 후 통보

· 특히, 침선 등 장애물 접촉시 회피 가능하도록 어선 적극 유도

– 통신망 운용 : 상선검색망[31](1차), 어선공통망(2차)

---

31. 상검망(상선검색망) : 국제항무통신망으로 해상교통의 안전 및 상호 정보교환을 위해 운영되는 교신 채널

※ 보강된 특수그물망 확인

- 새로 보강된 14mm 그물 줄
- 어선 보유 특수그물망 : 기존 1set, 보강된 특수그물망 2set

□ 예정일과[5. 8(토)]

▲ 쌍끌이 어선 함미구역 잔해물 인양 작업 / 상부지시의거

○ 운용시간 : 0800 ~ 1700시

○ 편승인원(각 척당 4~5명)

- 탐색구조단 UDT요원 각 3명 / 책임장교 각 척당 편승
- 합조단 책임관 각 1명

○ 작업내용

- 핵심구역 잔해물 인양 작업
- 보강 특수그물망 적용시험
- 소해함을 이용한 어선 유도 운용시험

쌍끌이 어선 대평 11/12호 형상 및 제원

선명 | 제 11/12 대평호
진수 | 1991년 10월
속력 | 최대 16kts, 경제 10kts
톤수 | 135톤
마력 | 1100마력
길이 | 33m
폭 | 6.6m
흘수 | 3.1m
탑재장비 | 무전기, 어탐기, 방탐기, 레이더, 로란

◎ 2010.5.8.(토) 맑음, 파고 1.5m, 풍속 15kts

선장, 선원 상륙금지 조치

탐색구조단에서 천안함의 가스터빈을 인양하기 위해 고군분투하고 있는 것 같다. 여기서는 세부사항을 알 수 없지만, 중량이 워낙 만만치 않기 때문에 결코 쉽지는 않을 것 같다.

선장으로부터 그물망을 완벽하게 보강하였다는 연락을 받았다. 이제 어느 정도 해저지형에 대응하는 체계를 갖춘 느낌이다. 간만에 여유를 가지고 선원들도 목욕을 시키려고 이야기하였으나, 작업이 종료될 때까지 선원의 상륙은 안 된다는 선장의 결심이 있었다. 다만 선장이 선원들을 위한 부식만 일부를 구입하여 돌아갔다.

그동안 어선 선원들에게는 다소 힘든 시간이 계속되고 있는 것이 사실이다. 선원들의 표정을 보면서 의욕이 떨어져 가는 느낌도 들었다.

"선장님, 선원들이 외출도 안되고 밤 늦게 어망 수선작업에 힘이 들 것 같은데 사기 진작 차원에서 제가 해줄 수 있는 일이 없을까요?"

"선원들은 익숙해져 있어서 큰 문제는 없습니다. 그렇지만 선원들이 한번 이야기해보라는 것이 있는데, 혹시 군대 건빵 좀 얻을 수 있을까요? 다들 군 생활에서 제일 기억나는 게 건빵인가 봅니다. 아마도 건빵 하나면 다들 더욱 힘을 내서 작업을 할 것 같습니다."

"예, 잘 알겠습니다. 제가 어떻게든 구해보겠습니다."

군에서 보급되는 건빵을 구하는 것이 그렇게 어려운 일은 아니라고 생각했다. 그러나 그것은 나의 착각이었다. 全(전) 함정과 육상부대에 확인

결과 건빵이 있는 곳은 한 곳도 없었다. 예하부대부터 함대까지 건빵을 가진 곳이 없어 결국 해군본부에까지 협조를 구했다.

"영훈아, 건빵 좀 구해줘. 지금 쌍끌이 어선이 이번 작전에서 핵심적인 역할을 하고 있는데 건빵이 작업의욕을 높일 수 있는 요소가 될 것 같다."

내가 화천함 부장시 같이 근무했던 보급 장교인 한영훈 대위에게 부탁을 했다. 물론 군대 건빵은 영내 근무자에게만 지급되는 제한된 보급품이다. 그러나 현재 주어진 임무에 조금이라도 도움이 된다면 최선을 다할 생각이었다.

"부장님, 제가 건빵을 구해서 2함대편으로 넣어드리겠습니다. 아무쪼록 성공적인 작전이 되길 기원하겠습니다."

얼마 후 한 대위로부터 조치해 주겠다는 연락이 왔다. 역시 몸무게에 맞는 듬직한 후배다.

현장에 전개해 있는 대원들에게 연봉회관 식당에서 저녁 식사를 제공했다. 오랜만에 부담을 떨치고 즐겁게 식사를 한 것 같다. 대원들에게 평소 시간날 때 운동을 게을리하지 말라는 강조사항을 시달했다. 언제까지 할지 모르니까….

◎ 2010.5.9.(일) 맑음, 파고 1m

"끝을 봐야지…"

천안함 가스터빈의 중량으로 인해 구조함에서 인양이 불가하고, 민간크레인으로 작업을 시도한다는 이야기가 들린다. 역시 쉽지 않은 모양이다.

다행스럽게 해상기상이 무척 좋다.

김철안 선주가 대평호에서 내려 회사로 복귀하기로 했다. 공간도 여유가 없는데다 크게 도움이 되지 않을 것 같다는 이야기와 함께, 선원들도 선주가 있으면 아무래도 불편할 것 같다는 말을 하였다. 올바른 판단인 것 같다. 연봉회관에서 저녁을 대접하고, 숙소도 마련해줬다. 내일 아침 인천으로 이동하기로 했다.

어선을 운용하는 입장에서 여러 가지 재미있는 이야기를 많이 들었다. 정말 만만치 않다는 생각과 함께 軍에서 근무하는 것이 행복한 것 같다. 金 선주는 호탕하면서도 성격이 무척 좋은 것 같다. 겉모양은 무지막지한 어선이 아닌, 고급스러운 회사의 중역 정도가 어울릴 것 같은데… 하는 생각이 들었다.

오늘도 체육관에서 운동을 했다. 땀을 흠뻑 흘릴 정도로 했는데, 기분은 좋아졌지만 몸은 엄청 피로해진 것 같다. 역시 운동은 꾸준히 해야 되는 것이 맞는가 보다….

오늘 해상에서의 일정이 없어, 서쪽에 위치한 해군부대를 방문했다. 부대 전반에 대한 소개를 받고 시설들을 돌아보았다. 그리고 인근에 위치한 각종 횟집과 해안 경치를 대원들과 보았는데, 천안함 침몰 이후 거의 관광객이 오질 않는 상태에서 문들은 닫혀 있었다. 평소에는 관광객이 꽤나 많이 오는 것 같았다. 여기 백령도 주민들도 생계에 곤란을 겪을 것이라는 생각이 들면서도 불만을 표시하지 않고 생활해 주는 것이 무척이나 고마웠다.

천안함 가스터빈 인양작업이 계속되고 있고, 백령도에서는 차후 작업을 위한 점검 및 협조회의가 진행되고 있다. 합조단 관계관 및 6여단 해병대와도 원활한 협조가 이루어지고 있다. 오늘은 6여단 상황실을 방문해서 전반적인 작전현황 및 주변상황을 파악했다. 상황실에 들어서면서부터 최전방의 냄새가 짙게 깔려있었다. 잠시라도 긴장을 늦출 수 없는 곳임을 누구라도 느낄 수 있을 것이다.

오후에 합조단과 증거물 확보를 위한 세부 추진계획을 다시 점검했다. 무엇보다도 보고의 중요성과 일관성이 유지되어야 했다. 결론적으로 상호 보고서를 종합정리하기로 하고, 자료를 공유하기로 했다. 덕분에 합조단 요원들과도 매우 친해진 것 같다. 다들 어려운 여건을 알기 때문에 이해하려는 마음을 가진 것은 마찬가지였다.

합참에서 증거물을 찾을 때까지 이곳을 훈련장으로 지정해서 1년 내내 훈련겸 증거물 수거를 추진하겠다는 이야기가 들린다. 나의 마음도 마찬가지다. 끝을 봐야지….

4

대한민국의 운명을 좌우할 결정적 증거물

어떤 것이 나올지도 모르는 상황에서, 정말 생각하지도 못한 것이 내 눈앞에 나타난다면 어떻겠는가? '눈앞이 캄캄', '아무 정신도 없었다' 등 많이 들어본 이야기들이 머릿속에 떠오른다.

그러나 실제로 대한민국의 운명을 좌우할 결정적 증거물, 그것도 생각했던 것보다 1000배 이상 크기의 초대형 물건이 올라왔을 때 나의 마음은 이상할 정도로 '덤덤했다'.

정확한 형태가 보이고, 처리를 어떻게 해야 할 것인지가 나름대로 잘 정리되었다. 지금 생각해도 너무 차분했었다.

◎ 2010.5.10.(월) 맑음, 파고 1.5m 풍속 20kts

쌍끌이 어선 작업 재개

합참에서의 작업재개 지시에 따라 오후부터 쌍끌이 어선을 운용하기 시작했다. 기본 레그[32)]에 따라 차분히 작업을 진행시켰다.

폭발 원점으로 예상되는 지점을 기준으로 가까운 거리에 잔해물이 집중되어 있는 것으로 판단되었으나, 증거물의 중량이 가벼울 경우 원거리까지도 놓칠 수 없는 상황이어서 결국 全 구역을 세부적으로 확인할 수밖에 없었다.

그중에서도 중요한 판단 요소는 비교적 가벼운 물체인 플라스틱 조각까지도 수거물 속에 포함되어 올라온다는 것이었다. 다시 말해서 증거물이 있을 것으로 예상했던 구역설정이 매우 정확하다는 이야기다. 따라서 시간이 문제지 결과를 얻을 수 없는 것은 아니라는 결론이 나온다. 이 작전은 시간과의 싸움이다.

오후 늦게부터 작업을 시작한 관계로 총 3회에 걸친 작업으로 일과를

---

32. 레그: 소해함에서 기뢰 또는 수중물체를 탐색하기 위해, 탐색박스 및 탐색폭을 설정하고 항로를 나누는데 이때 하나의 소항로를 말한다. 천안함 탐색구조 작전시에는 X, Y축으로 각각 25개 레그를 운영했었다.

종료했다. 사소한 금속물질도 의심이 가는 상황이라 조그만 조각까지도 수거해서 인계를 하였다.

海底(해저)가 워낙 딱딱하고 모래가 뭉쳐 있는 상태라서 중량은 항상 무겁기만 한 것 같다. 매번 돌덩어리로 생각한 물체가 자세히 보면 모래로 단단하게 뭉쳐져 있는 것이다.

이번에는 모래덩어리를 완전히 분해해 보았다. 아무리 작은 파편이라도 모래덩어리 속에 파고들어갈 수는 없다는 결론을 얻었다. 세부 결과를 포함해서 합조단과 의견을 일치시키고 앞으로는 모래덩어리는 채증물에서 제외시키기로 합의를 보았다. 작업량이 한결 줄어들어 작전적인 측면에서는 한층 가속을 붙일 수 있겠다는 생각이 들었다.

오후에 구조지휘함에서 어선에 필요한 淸水(청수)[33]를 공급하였다. 어선에서는 별도의 造水機(조수기)[34]가 없기 때문에 청수의 중요성은 이루 말할 수 없다. 개인별로 하루에 지급되는 청수는 1.5리터 페트병 하나 정도인데 정말 아껴 쓰는 게 습관이 된 듯하다.

어선의 청수탱크는 용량 자체가 워낙 적어서 탱크를 가득 채우는 데 소요되는 시간은 극히 짧았다. 물을 수급하는 동안 잠시나마 선원들의 얼굴이 밝아졌다.

---

33. 淸水(청수, Fresh water): 맑고 깨끗한 물, 즉 飮用(음용)이 가능한 물이며 그 외 함정장비 냉각 등에 사용되는 海水(해수)가 있다.

34. 造水機(조수기): 바닷물을 청수로 바꿀 수 있는 장비, 함정에서 청수를 적재할 수 있는 양은 한정되어 있기 때문에 장기간 해상활동시 조수기를 이용하여 바닷물의 염분을 제거하고 음용 가능한 청수로 바꾸는 장비를 활용한다.

함정 입장에서는 아주 조그만 협조사항이지만 어선의 입장에서는 대단히 큰 도움인 것이다.

◎ 2010.5.11.(화) 맑음, 파고 1.5m

沈船(침선) 구조물 일부 수거(그물 손상)

潮汐(조석)에 따라 새벽부터 작업을 시작했다. 각종 수거물을 보면, 아주 사소한 조각까지 보이는 것이, 이 구역을 최소한 세 번 이상, 즉 완전히 껍질을 벗겨내는 기분으로 작업을 한다면 결코 못찾을 것이 없겠다는 확신이 들었다.

오후 투망에서, 구역 내 있던 '沈船(침선)'의 구조물에 그물이 접촉되었다. 조류를 충분히 고려해서 레그를 잡았는데, 판단보다도 더 强조류였던 것 같다.

강력한 저항이 항해를 불가능하게 했다. 불가피하게, 투망하였던 그물을 포기할 생각으로 針路線(침로선)[35] 유지를 지시했다. 역시, 예상대로 인양索(색)이 절단되고, 그물이 큰 손상을 입었다. 그렇게 크지 않은 오래된 침선의 구조물 조각은 '리벳' 접합[36] 등 정말 오래된 선체 조각 모습이었다.

총 5회의 작업을 종료하고, 침선 조각 인양과 함께 결과를 상부에 보

---

35. 針路線(침로선): 선박이 나아가고 있는 진행방향, 컴파스 360도를 기준으로 한다.

36. 리벳 접합: 철판 등을 겹쳐서 이을 때 구멍을 통해 리벳으로 압착시켜 접합하는 방식. 천안함 어뢰 탐색구조시 발견된 침선의 리벳 접합형태는 현대에서 사용하지 않는 형태였다.

고했다. 침선 선체조각 인양에 대한 의견이 약간은 달라서 조금은 고민을 했지만, 역시 있는 사실대로 처리하는 것이 맞다고 생각했다. 사실, 천안함 침몰구역에 있는 침선의 존재는 '船底(선저) 접촉에 의한 좌초'로 오해 받을지 모른다는 생각들이 팽배한 것 같다.

그렇지만, 당연히 군함이 '좌초'로 인해 조각이 난다는 것은 있을 수가 없는 것인데, 너무 눈치를 많이 보는 것 같다. 있는 사실 그대로가 나중에도 당당하게 이야기할 수 있지 않는가…그리고 이곳에는 수많은 '눈과 귀'가 있다. 항상 떳떳한 것이 제일이고, 실수를 하더라도 사실에 입각하는 것이 당연한 것 아닌가?

잔소리를 듣다보니, 조금은 짜증이 났다. 군인도 사람이고, 사람인 이상 완벽할 수 없고, 다만 최선을 다할 뿐인데….

◎ 2010.5.12.(수) 맑음, 파고 1.5m, 풍속 20kts

뭔가 손에 잡히는 기분

새벽부터 일찍 장촌 부두로 출발했다. 아침 먹기가 번거로웠는데 어선에서 아침식사를 제공하기로 했다. 조리장의 실력이 굉장히 우수한 것 같다. 현장으로 이동하면서 식사를 했는데 정말 맛있다는 생각이 든다.

"아마 청와대 식사보다도 더 맛있을 테니 많이들 드세요."

조리장이 자신 있게 이야기했다. 특히 나를 위해서 준비했다는 꽃게장은 내가 지금까지 먹어본 음식 중에서 가장 맛있었던 것 같다.

작업은 저녁에 판단했던 레그에 대해 집중 공략하기로 했다. 보통은 한

번 작업 후 어망을 손질하고 재작업을 하지만, 지속적인 관찰 결과 선원들은 다소 힘들지만 대평 11, 12호가 交互(교호)로 그물을 내린다면 작업횟수를 증가시킬 수 있다는 판단이었다. 즉, 11호에서 작업이 끝나고, 12호 그물을 이용한 작업시 그물 손상부위 수리 및 재작업 준비를 하는 것이었다.

판단한 대로 작업횟수가 2배가량 늘어 총 7회의 작업을 할 수 있었다. 결론적으로 많은 작업횟수가 전체 일정을 줄일 수 있는 방법이었다. 다만, 조류가 강해질 때는 그물의 인양면적이 급격하게 줄어들어 비효율적인 사항도 파악되었다. 그물의 총 길이가 약 300미터에 달하기 때문에 직선으로 예인이 불가능하기 때문이다.

작업결과를 분석하여 최종 보고하고, 내일 일정을 계획하고 휴식에 임하였다. 저녁에 백령도 전개 合調團(합조단)의 교대가 진행되었다. 그동안 호흡을 맞췄던 고광범 중령과 표종호 상사가 간다니 많이 아쉬운 생각이 든다. 아무것도 없는 상태에서 여기까지 체계를 잘 만든 주역들인데, 결과를 보지 못하고 가는 것이 안타까울 따름이었다. 내일 해상 작업시 오전과 오후를 구분해서 업무인계를 한다고 한다. 저녁 늦게까지 정들었던 표종호 상사와 많은 이야기를 나누었다.

무척 피곤한 하루지만 이제 뭔가가 손에 잡히는 듯하다. 세부적인 사항에 고민을 거듭하게 되지만 나름대로 보람을 느끼게 되는 측면도 있다. 집에 연락을 하지 않은 지도 꽤 오래 되는 것 같다.

일과현황보고 (5. 12/수)

□ 쌍끌이 어선 잔해물 인양 작업

○ 시 간 : 07:00 ~ 16:15시

○ 장 소 : 접촉물 집중구역(세부내용 작업구역 상황도 참조)

○ 세 력 : 김포함, 대평 11/12호

○ 어선 편승인원

구분	명 단	비 고
대평 11호	• U D T : 중령 권영대, 상사(진) 임준동, 하사 이진식 • 52전대 : 상사 최상찬 • 합조단 : 상사 표종호	5명
대평 12호	• U D T : 소령 김대훈, 상사 장호영, 중사 현성민 • 합조단 : 상사 손승칠	4명

○ 인양결과

구분	작업 위치	수거물 현황
1차 (07:18~08:16)	X22 → X5	연통 주름관, 스폰지, 라이프라인 지주대 1개, 알루미늄 조각 4개, 철 밴딩
2차 (08:26~09:04)	Y11 → X14	155mm 연막 연습탄 1개, 머리크기 돌 12개, 자갈 및 패류 1자루
3차 (09:15~09:58)	X21 → X3	알루미늄 판(100 X 30), 의자 1개
4차 (12:35~13:11)	Y3 → X13	하푼 앞 부분(길이 93, 지름 35), 알루미늄 조각(40X40) 2개, 파이프(길이 80) 1개, 배관 감싸개 1개, 의자 1개
5차 (13:21~13:47)	X24 → Y3	철판 2개, 배전반 문짝 1개, 철골조 1개, 문 손잡이 1개 배터리 1개, 소화펌프 1개, 수압조절기 1개, 안전수칙판 1개 바닥 알루미늄판, 금속조각 1개, 석면, 마개
6차 (13:51~14:28)	X2 → Y24	기관조종실 콘솔 1개, 파이프(길이 528/112) 2개, 환풍관 1개, 알루미늄 조각 1개
7차 (14:32~14:52)	Y13 → Y13	석면 조각(30X20) 1개

※ 세부내용은 '덧붙임' 수거물 사진 / 작업구역 상황도 참조

※ 대형 인양물 9점은 구조함에 인계

▲ 어선은 17:00 ~ 21:00시 손상 그물망 보수작업 실시

□ 예정일과[5. 13(목)]

▲ 쌍끌이 어선 잔해물 인양 작업

○ 시 간 : 07:30 ~ 17:00시

○ 장 소 : 접촉물 집중구역(세부내용 작업구역 상황도 참조)

※ 조석 고려 총 10회 전후 작업 예정

□ 쌍끌이 어선 운용관련 참고사항

▲ 어선의 작업숙달로 1회 운용시간 단축 가능(1시간→40분)

▲ 지속적인 수중 조류에 의해 실질적인 Leg별 직선작업은 제한

– 어선 및 어망의 회전현상을 이용하여 중앙부 공략 불가피

▲ 조류가 2kts 이상일시 작업의 어려움

– 작업구역 협소로 투망중 조류에 의해 어망은 다른 곳으로 이동

* 예) 340도 방향 조류, 하단 끝부분에서 투망시 어망은 침선 부분까지 이동

– 어선의 직선이동시 어망이 다른 각도로 예인하게 됨에 따라 인양폭 감소

* 예) 어선–어망 인양각 10도 차이시 인양폭 약 5m 감소로, 조류 3kts시 인양폭은 20m에서 5m 이하로 감소되는 현상 발생(비효율적 운용)

– 2kts 이상시 투망 후 약간의 인양물에 의해서도 어선이 거의 정지됨

▲ 판단) 조류 2kts 이하시 집중 공략이 효율적 / 3~4회 가능

37. 기동장주: 탐색박스 내에서 선박이 실질적으로 기동한 항로 및 폭

기동장주[37]

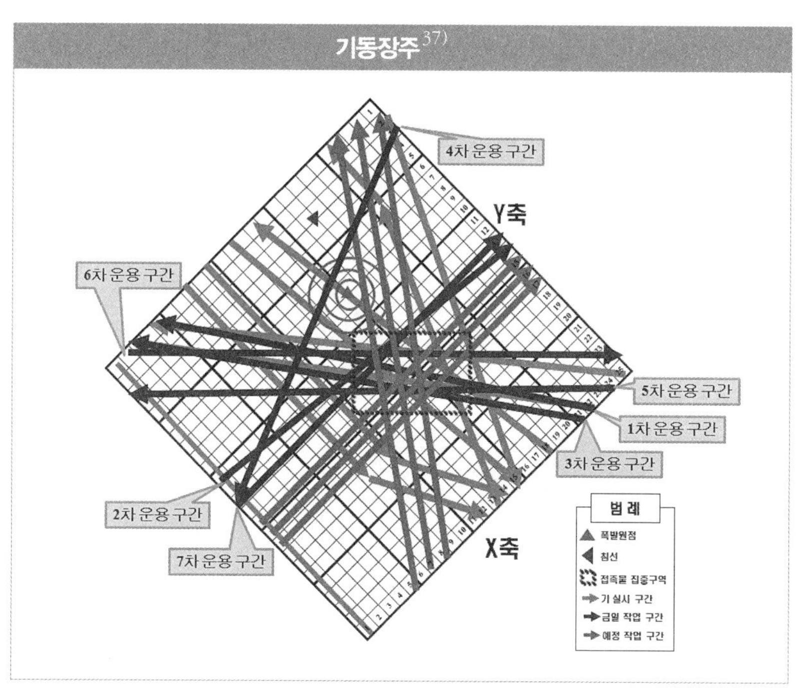

수거물(5.12)

○ 1차 작업(X 22 → X 5)

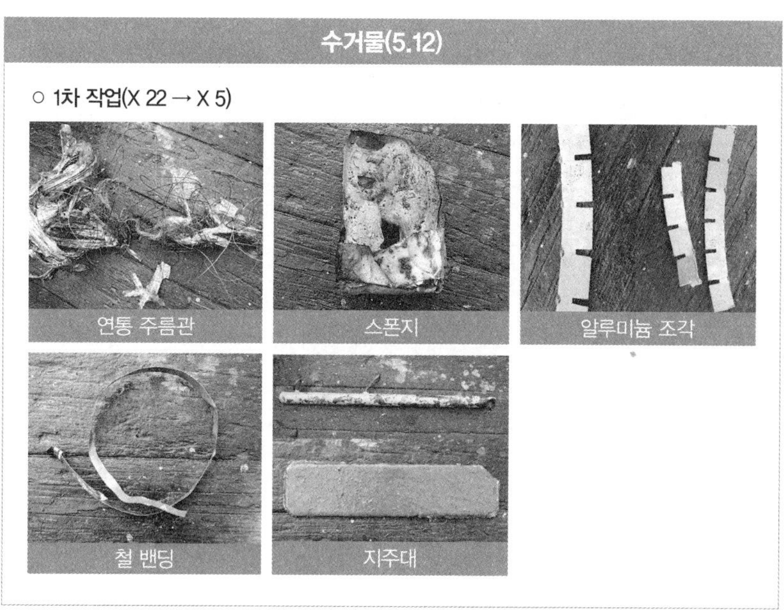

연통 주름관 | 스폰지 | 알루미늄 조각

철 밴딩 | 지주대

수거물(5.12)

○ 2차 작업(Y 11 → X 14)

연막 연습탄

돌 / 자갈

○ 3차 작업(X 21 → X 3)

의 자

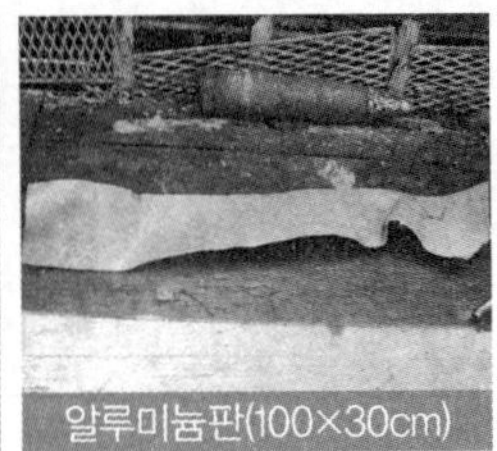
알루미늄판(100×30cm)

○ 4차 작업(Y 3 → X 13)

표적 추적장치

의 자

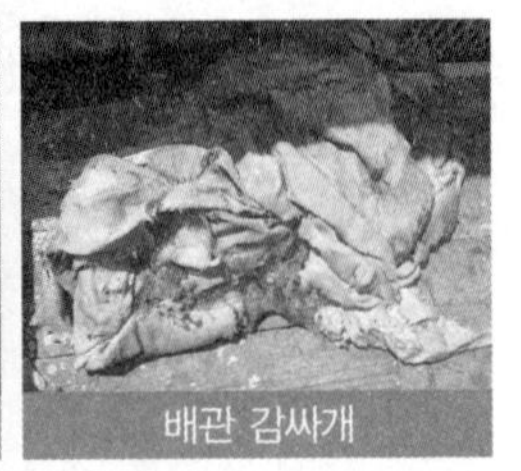
배관 감싸개

알루미늄조각 / 배관

알루미늄 조각

수거물(5.12)

○ 5차 작업(X 24 → Y 3)

수거물 전체 상황 / 철 판 / 배전반 문짝

철골조 / 철 판 / 문손잡이

배터리 / 석 면 / 소화펌프

수압조절기 / 안전수칙판 / 알루미늄 조각

연습탄 금속조각 / 바닥 알루미늄판 / 마개(미식별)

수거물(5.12)

○ 6차 작업(X 2 → Y 24)

수거물 전체 상황 / 알루미늄 조각 / 환풍관

기관실 조종 콘솔 / 배 관 / 배 관

○ 7차 작업(Y 13 → Y 13)

수거물 전체 상황 / 석 면

◎ 2010.5.13.(목) 맑음, 파고 1.5m

"전우의 영혼이 그물에 잔해물을 담아준다"

아침 6시부터 이동을 시작했다. 해병대 RIB를 타고 즐거운 분위기로 대평호에 승선했다.

오늘 교대가 예정된 합조단 인원은 마지막 작업일이었다. 그동안 함께 작업을 한 표종호 상사가 너무 아쉽다는 이야기를 꺼내면서, 한편으로는 먼저 가는 것이 미안하다고도 했다. 또 한 번 생각해도 정말 책임감도 강하고, 해병대 출신답게 전투력도 우수한 것 같다. 자주 연락하자는 약속과 함께 점심시간에 다른 組로 교대하였다. 오후에 새로 온 합조단 인원은 해군 헌병의 천종필 상사였다. 활발한 성격에 의욕을 가지고 있어 앞으로 호흡이 잘 맞을 것 같다는 생각이 들었다.

오늘은 완전히 전투적인 날이었다. 强조류에 작업이 불가할 때를 제외하고 선원들이 거의 쉴 틈이 없을 정도로 작업이 진행되었다. 선장님의 작업을 추진하는 의지 또한 전투군인 못지않게 강력하였다. 오죽하면 갑판장이 나에게 몰래 다가와 "선원들이 너무 힘듭니다. 조금만 여유를 주면 안 될까요?" 넌지시 이야기를 하였다. 선장이 무섭긴 무서운가 보다…. 국가를 위한 일이고, 시간은 한정되어 있어 할 수 있는 한 최선을 다해야 하는 것이 타당하다는 말로 갑판장을 달래고 선원들을 이해시켜달라는 부탁도 하면서 작업을 밀어붙였다. 선원들에게는 정말 미안하지만 어쩔 수 없는 상황이라고 판단했다.

엄청난 양의 잔해물이 올라왔다. 마치 물 속에 있는 戰友(전우)들의 영혼들이 그물에 잔해물을 담아주는 느낌이었다. 수거물 하나하나를 살펴보고, 갑판에 쌓여있는 수거물을 정리해서 구조함에 인계를 했다.

이 많은 천안함 잔해물이 널브러져 있는 모습을 보니 해군으로서 억울한 생각도 든다. 전쟁시에나 일어날 일을 평시에 겪게 되었다니…. 나도 초계함 함장을 했지만 정말 상상도 하지 못한 일이었다.

저녁에 새로운 합조단과 협조회의를 실시했다. 앞 조에서 체계를 정말 잘 만들어 놓은 것 같다.

새로운 팀장은 최두환 육군 대령이었다. 해군사관학교 40기와 동기인데 업무 파악 및 처리하는 방식이 상당히 깔끔하다는 생각이 들었다. 밤 늦게까지 업무처리 방안에 대해 서로 일치화를 시킨 다음 휴식을 가졌다.

엄청나게 피곤한 하루다. 매일 이렇게 하다가는 금방 지쳐버릴 것 같은 생각도 든다. 특히, 선원들은 별도의 보너스도 나오지 않는데 오죽하랴…. 생선을 많이 잡으면, 잡은 만큼 보너스가 나온다는 이야기도 들었지만 이곳에서는 의미가 없다는 생각을 할 수밖에 없지 않는가 하는 생각도 든다. 그렇지만 선장의 의지가 무엇보다도 중요한 것 같다. 선박 내에서는 절대 권력이니까….

내일 합조단에서 외국군 조사단을 데리고 현장방문을 희망한다고 연락이 왔다. 가장 원시적인 방법이지만 가장 현명한 방법임을 잘 보여줘야겠다는 생각이 들었다. 그리고 작업이 얼마나 힘든 과정을 거치는 것인지도 느끼고 갈 수 있을 것이다.

일과현황보고 (5. 13/목)

□ 쌍끌이 어선 잔해물 인양 작업
  ○ 시 간 : 07:00 ~ 18:00시
  ○ 장 소 : 접촉물 집중구역(세부내용 작업구역 상황도 참조)
  ○ 세 력 : 김포함, 대평 11/12호

○ 어선 편승인원 / 합조단 A, B조 교대

구분	명 단	비 고
대평 11호	• U D T : 중령 권영대, 상사(진) 임준동, 하사 이진식 • 52전대 : 상사 최상찬 • 합조단 : 상사 표종호(오전), 상사 천종필(오후)	5명
대평 12호	• U D T : 소령 김대훈, 상사 장호영, 중사 현성민 • 합조단 : 상사 손승칠(오전), 중사 이진호(오후)	4명

○ 인양결과 : 총 45점

구분	작업 위치	수거물 현황
1차 (07:50~08:30)	X1 → X19	① 기관실 상갑판 뚜껑(200×240) ② 해치(철재문짝 , 81×31) ③ 바닥 플레이트 박혀 있는 금속조각(0.2×0.2) ④ 기관실 바닥 플레이트(90×60) ⑤ 구급약품 뚜껑(56×42) ⑥ 휘어진 철조각(20) ⑦ 투명 플라스틱 조각(17×7) ⑧ 안테나 HF(고주파, 827) ⑨ A4용지 1매(도면)
2차 (08:30~09:14)	Y2 → Y22	① 전기레인지(75×84×74) ② 기관실 바닥 플레이트(74×114) ③ 취사도구(플라스틱 3, 국자 1, 주전자 1, 집게 3) ④ 위성통신 안테나 받침대(50)
3차 (09:26~10:08)	X23 → X7	① 커넥트 케이블(110) ② 위성통신안테나 부속품(철제조각, 전자부품) ③ 휘어진 철구조물(114.5×4) ④ 석면조각 7마대
4차 (13:27~14:03)	Y16 → Y16	① 철제의자 1점(길이 150, 폭 30, 높이 55) ② 라이프라인 지주대 1점(알루미늄: 105) ③ 플라스틱 조각 1점(65×7)
5차 (14:05~14:41)	X24 → X4	① 찌그러진 철망(40×40) ② 찌그러진 철조각 뭉치(70) ③ 알루미늄 바(60) ④ 케이블 조각(95) ⑤ 알루미늄 조각(60×35) ⑥ 기관실 바닥 플레이트(115×50) ⑦ 기관 계기판(60×20) ⑧ 원통 뚜껑(지름15) ⑨ 형광등 케이스 ⑩ 취사장 배식구 ⑪ 배관(230) ⑫ 알루미늄 조각(35×30)

6차 (14:46~15:18)	Y15 → Y15	① 철조각(95×5) ② 알루미늄 조각(50×3.5) ③ 석면 조각(30×26) ④ 플라스틱 조각(18×7) ⑤ 알루미늄 조각(65×3) ⑥ 펄 4자루
7차 (15:22~15:48)	X21 → Y4	① 기관실 계기판(140×70) ② 외부 사다리(420×75) ③ 알루미늄 골조(160) ④ 철 구조물(50×140) ⑤ 기관실 바닥 플레이트(90×60) ⑥ 원형 알루미늄 조각(60) ⑦ 알루미늄 뭉치(20)
8차 (15:55~16:22)	Y17 → Y17	① 기관실 배관(동) 파이프(190×4)

※ 세부내용은 '덧붙임' 수거물 사진 / 작업구역 상황도 참조

※ 수거물은 구조함에 인계 / 자갈 및 패류 네 자루 6여단 인계

□ 예정일과[5. 14(금)]

▲ 쌍끌이 어선 잔해물 인양 작업

○ 시 간 : 07:30 ~ 17:00시

○ 장 소 : 접촉물 집중구역

※ 조석 고려 총 8회 전후 작업 예정

▲ 외국조사 요원 쌍끌이 어선 현장 방문 지원

○ 시 간 : 13:00~18:00시 / 어선방문 : 15:00~15:30(30')

○ 장 소 : 정밀탐색구역 쌍끌이 현장 등

○ 안 내 : 합동조사단 육군 대령 최두환, 탐색구조단 중령 권영대

○ 방문자 : 합동조사단 수사과장 중령 권태석 등 11명

※ 외국 조사요원 7명 : 미국 4, 스웨덴 1, 영국 1, 호주 1

○ 방문내용 : 특수그물망을 이용 해저증거물 채증 현장 방문

□ 금일작전 결과 분석

▲ 대형물체 인양시 시간소요 증가 불가피

– 대형물체는 그물망을 찢어 인양 → 그물망 보수 시간 추가 필요

▲ 대형물체 다수 인양에 따른 수거소요 감소로 작업시간 축소 기대

– 대형물체 수거시 평균 1시간, 소형물체 인양시 평균 40분 소요

– 불가피한 제한사항이 없는 한 1일 8회 전후 작업 가능

* 단, 사리 기간 도래에 따른 총 작업시간 감소는 제한요소로 작용

– 2kts 이상시 투망 후 약간의 인양물에 의해서도 어선이 거의 정지됨

▲ 핵심구역 내 흙 속에 묻힌 잔해 수거를 위해 땅을 파내는 작업 추진

– 그물망 특성상 각 어선의 간격에 따라 파내는 깊이 조정 가능

예) 쌍끌이 어선간 간격이 넓으면 깊이 늘려주는 효과 발생

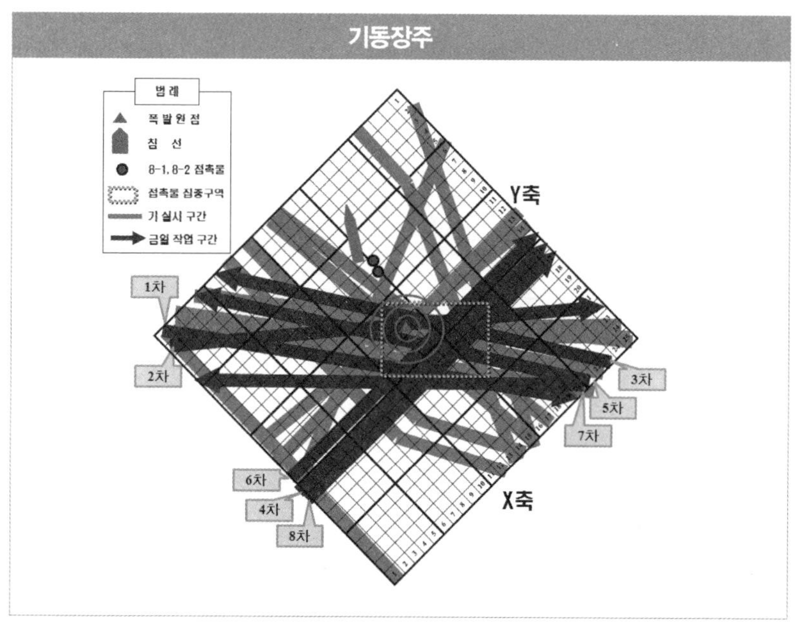

수거물(5.13)

기관실 바닥, 금속조각

기관실 바닥 플레이트

구급약품 뚜껑

휘어진 철조각

투명 플라스틱 조각

안테나

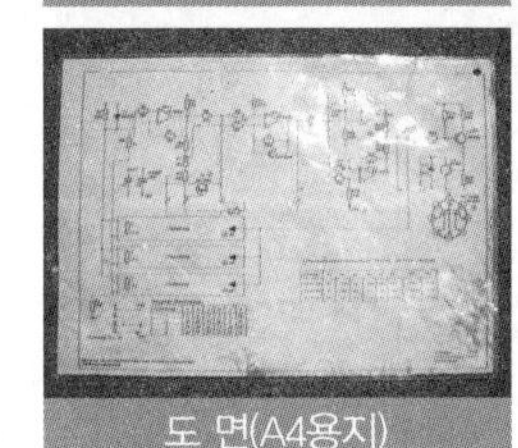
도 면(A4용지)

○ 2차 작업(Y 2 → Y 22)

전기레인지

기관실 바닥 플레이트

취사도구

안테나 받침대

수거물(5.13)

○ 3차 작업(X 23 → X 7)

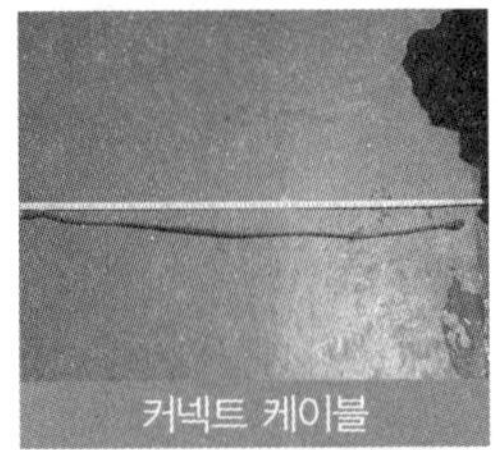
커넥트 케이블

안테나 부속품

휘어진 철구조물

석면조각 마대

석면 조각

○ 4차 작업(Y 16 → Y 16)

철제의자

지주대

플라스틱 조각

○ 5차 작업(X 24 → X 4)

찌그러진 철망

철조각 뭉치

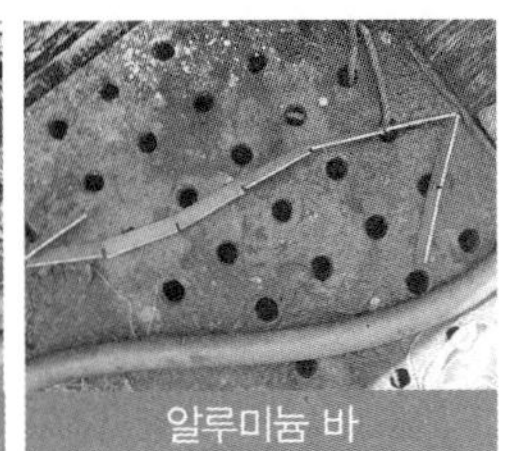
알루미늄 바

수거물(5.13)

케이블 조각 / 알루미늄 조각 / 기관실 바닥 플레이트

기관실 계기판 / 원통 뚜껑 / 형광등 케이스

취사장 배식구 / 배 관 / 알루미늄 조각

○ 6차 작업(Y 15 → Y 15)

철조각 / 알루미늄 조각 / 석면 조각

플라스틱 조각 / 알루미늄 조각 / 펄 4자루

수거물(5.13)

○ 7차 작업(X 21 → Y 4)

기관실 계기판 / 외부 사다리 / 알루미늄 골조

철 구조물 / 기관실 바닥 플레이트 / 원형 알루미늄 조각

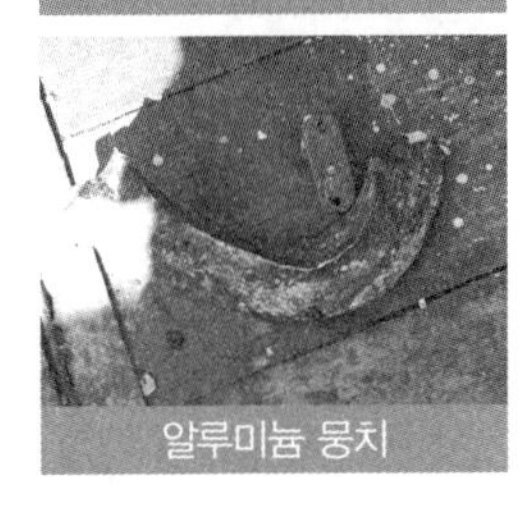

알루미늄 뭉치

○ 8차 작업(Y 17 → Y 17)

배관

◎ 2010.5.14.(금) 맑음, 파고 1.5m, 풍속 15kts

합조단 외국조사단 일행 현장 참관

아침 일찍 대평호에 승선했다. 현장 이동중에 맛있는 아침을 먹었고, 조리장에게는 미안한 생각도 들지만 대원들도 어선에서의 아침을 무척이나 기대하는 눈치였다.

0800시부터 현장 작업이 시작되었다. 자연스럽게 대평 11, 12호가 交互(교호)로 그물을 내리고, 인양하면서 보수하는 절차가 진행되었다.

해상작업이 지속되면서 보여지는 어선 선원들만의 특성이 있다.

'말이 없다. 없어도 너무 없다. 굳은 얼굴표정도 그렇지만 딱 필요한 말 이외에는 전혀 말을 안 하는 것이다. 너무 재미가 없어서 그런가….'

어떻게 하면 즐거운 표정을 가지게 할 수 있을까? 또 하나의 숙제가 주어진 것 같다.

오후 15시경부터 합조단의 외국 조사요원이 승선했다. 국방부의 권태석 중령이 인솔했고, 미국, 스웨덴, 영국, 호주 등 총 7명이었다.

처음에는 가장 원시적인 방법에 의문을 가지고 있는 듯했지만, 세부절차를 설명하고, 직접 잔해물을 인양하는 모습을 보고는 감탄사를 연발했다. 이런 모습은 역사 이래 없었던 형태였으니까….

총 6회의 작업을 마치고 합조단과 작업 진행에 대한 토의를 했다. 저녁에 결과보고를 작성하면서, 탐색구조단장을 포함한 대부분의 지휘부가 잘못 이해하고 있는 현장 상식을 정리해서 보고하였다. 내일부터는 쌍끌이 어선을 보는 시각이 달라지리라는 기대를 가지고….

일과현황보고 (5. 14/금)

□ 쌍끌이 어선 잔해물 인양 작업

○ 시 간 : 08:00 ~ 17:00시

○ 장 소 : 접촉물 집중구역(세부내용 작업구역 상황도 참조)

○ 세 력 : 김포함, 대평 11/12호

○ 어선 편승인원

구분	명 단	비 고
대평 11호	• U D T : 중령 권영대, 상사(진) 임준동, 하사 이진식 • 52전대 : 상사 최상찬 • 합조단 : 상사 천종필	5명
대평 12호	• U D T : 소령 김대훈, 상사 장호영, 중사 현성민 • 합조단 : 중사 이진호	4명

○ 인양결과 : 총 37점

구분	작업 위치	수거물 현황
1차 (08:30~09:00)	Y8 → Y18	① 배관 파이프 ② 구리뭉치 조각 ③ 알루미늄 조각(60×33) ④ 알루미늄 조각(80×24) ⑤ 워시 다운 배관(325)
2차 (09:02~09:41)	X2 → Y7	① 알루미늄 조각(28×27) ② 계단 안전손잡이(지름 3.5) ③ 소형 앵커(단정 닻) ④ 민간 침선의 파손된 철제(520×120) ⑤ 소형 비트(밧줄 고리, 9×24) ⑥ 트라이플랜(소해함 위치 표지 납덩이 / 30×30×30)
3차 (09:50~10:50)	X5 → Y8	① 배기관 부속품(52×11) ② 조수기 파이프 부속품(3점) ③ 케이블(250) ④ 줄자(500) ⑤ 플라스틱 조각(60×3) ⑥ 알루미늄 조각(40) ⑦ 알루미늄 조각(43×0.5) ⑧ 마대 15자루
4차 (14:00~14:30)	Y3 → Y18	① 형광등 케이스(80×10) ② 동파이프 조각(27×1) ③ 동파이프(210×1) ④ 알루미늄 조각

5차 (14:34~15:02)	X24 → Y4	① 가드라인 파이프(50) ② 소형 스위치 단자 / 전선 케이블(150) ③ 오일 주입기(지름 8) ④ 투명 플라스틱 조각(16×12) ⑤ 알루미늄 조각(6×5) ⑥ 알루미늄 조각(14×5)
6차 (15:10~15:50) 외국조사단 참관	Y12 → Y12	① 기관 조종실 의자(2개) ② 알루미늄 판(200×70) ③ 사무용 PC 본체(1대) ④ 철제 책꽂이 ⑤ 기관실 바닥 플레이트 조각(90×60) ⑥ 랜 선 ⑦ 알루미늄 골조(85×8) ⑧ MTU 추진계통 캐비넷

* 세부내용은 '덧붙임' 수거물 사진 / 작업구역 상황도 참고

※ 운용 종합(5.3~5.14) : 06일간, 장주 30회, 인양물 135점

▲ 외국 조사요원 쌍끌이 어선 현장 방문 지원

○ 시 간 : 15:15 ~ 15:45

○ 장 소 : 정밀탐색구역 쌍끌이 현장 등

○ 안 내 : 합동조사단 육군 대령 최두환, 탐색구조단 중령 권영대

○ 방문자 : 합동조사단 수사과장 중령 권태석 등 11명

※ 외국 조사요원 7명 : 미국 4, 스웨덴 1, 영국 1, 호주 1

○ 방문결과

– 쌍끌이 어선 운용 전반 현황 청취 / 브리핑 : 중령 권영대

– 어선운용 현장 및 세부절차 참관으로 효용성 이해

– 작업절차상 위험성 감수 및 어려움에 대한 운용요원 격려

□ 예정일과[5. 15(토)]

▲ 쌍끌이 어선 잔해물 인양 작업

○ 시 간 : 08:00 ~ 17:30시

※ 조석 고려 총 8회 전후 작업 예정

※ 가능시간 : 오전(09:00~12:00시), 오후(15:00~17:30) 각 4회

○ 장 소 : 접촉물 집중구역

○ 세 력 : 소해함, 대평 11/12호

□ 쌍끌이 어선 궁금증 파악 결과

▲ 쌍끌이 어선 운용 절차는?

1. 투망위치까지 두 척(주선, 종선)의 어선 이동 후 약 700yds 전 투망
2. 그물망을 포함한 약 100m 조출[38] 후 보조어선 접근 및 예인색 전달/예인
3. 핵심구역까지 예인 후 입구에서 200m 추가조출 및 그물망 착저 조치
4. 어선 간격조절 및 조류 고려 일정침로 예인 시작(약 1~3kts)
5. 그물망 핵심구역 이탈시 양망 및 수거물 확인
   - 그물 중간에 걸려있는 대형잔해물은 그물을 찢은 후 들어냄
   - 대부분 미세 잔해물은 그물망 끝부분에 위치, 바닥 비닐천막에 풀어 놓은 후 세부 분류작업 실시(대형 잔해물은 추가적인 그물망 보수작업 불가피)
6. 수거물 분류작업 및 그물망 보수작업 종료 후 이동(1회 운용시간 판단)
   - 최초 시험운용시 약 2.5시간 소요 (1일 2~4회)
   - 현재 약 40분 소요(양망 완료시 수거물 확인, 그물망 보수 前 차후 구역으로 이동 後 보조역할 어선에 의해서 투망작업 동시 진행, 시간단축)
     * 선원들은 잠시라도 쉴 시간이 없습니다.

▲ 야간작업은 안되는지?

○ 원칙적으로 불가함(두 가지 사유)

○ 첫째, 안전위해 요소 다수
   - 전반적인 장구가 체인, 와이어, 그물이 뭉쳐져 있고 강한 장력에 의해 지휘자의 손짓 등에 집중되지 않으면 사고의 위험 다분
     * 계약서상에도 야간작업은 하지 않는 것으로 되어 있음

○ 둘째, 세부 수거물 확인 애로
   - 주간중 그물 사이에 작은 잔해도 식별하여 수거중이며, 흙더미 속에서 5mm 이하 미세 잔해물도 식별중에 있음. 야간은 불가
     * 목표 수거물은 대형 잔해물이 아닌 아주 작은 것으로 판단됨

▲ 쌍끌이 어선간 간격이 멀어지면 깊숙이 땅을 판다?

---

38. 투出(조출): 군사용어로 통상 체인 또는 로프를 해상에 내보냄(조출량 = Scope of Chain)

○ 기본적으로 그물망은 총 아홉 가지 구조(미세그물~예인색까지)

* 그물 크기별 네 가지, 중량추, 삼각앵글뭉치, 중량체인, 와이어

○ 기본적으로 그물망입구 삼각앵글뭉치가 땅을 파고드는 역할을 함

○ 예인색과 연결된 중량체인(각각 1톤)이 넓게 펴지면 마찰력과 무게에 의해 삼각앵글뭉치를 눌러주는 효과를 얻게 됨. 좁아지면 예인색의 영향으로 속도가 빨라지고 체인 일부가 들려 중량이 줄게 되어 있음(현재 운용간격 : 150yds – 약 20cm 토굴로 판단)

* 시간관계상 그림은 생략합니다

▲ 주선과 종선의 관계?

○ 주선은 항상 왼쪽, 종선은 항상 오른쪽 위치(어선 구조 자체가 다름)

○ 주선은 전반적인 작업을 지시하며, 주선 선장이 절대적 권한을 가짐

○ 대부분 주요장비도 주선에 설치되어 있음

* 종선 : R/D, 어탐기, 기본통신기 등 최소한의 장비만 보유

▲ 이번 작전에 쌍끌이가 떼돈을 번다?

○ 손해보는 것은 아니지만 많은 돈을 벌지도 못함.

○ 현재 하루 2200만 원을 벌고 있지만, 일반 어로작업시 많게는 하루 1억씩도 가능

※ 장부확인 결과(어획고) : 4월 중순까지 총 어획고는 51억 정도임

○ 이번 작전 참가이유 : 선주(김철안 씨)의 의협심 발동(?)으로 참가

* '06년 공군기 잔해 인양 작전에도 자원하여 참가

○ 그 외 선원들은 어획고에 따른 배당금 全無(전무)로 다소 불만임

* 단, 선주의 강력한 인사권에 도전은 못함

▲ 참고사항

○ 주선/종선 선장의 평균 연봉 : 억대

* 연봉이 많은 것 같지만, 1년중 평균 10개월을 해상에서 지내야 함

○ 기관사 및 항해사 등 주요보직자 : 7~8천만원

○ 기타 선원 : 약 4천만원

※ 어획고에 따른 배당금은 선주가 결정하여 추가 지급하며, 선원들은 독하더라도 어획고를 많이 올리는 선장을 선호함

기동장주

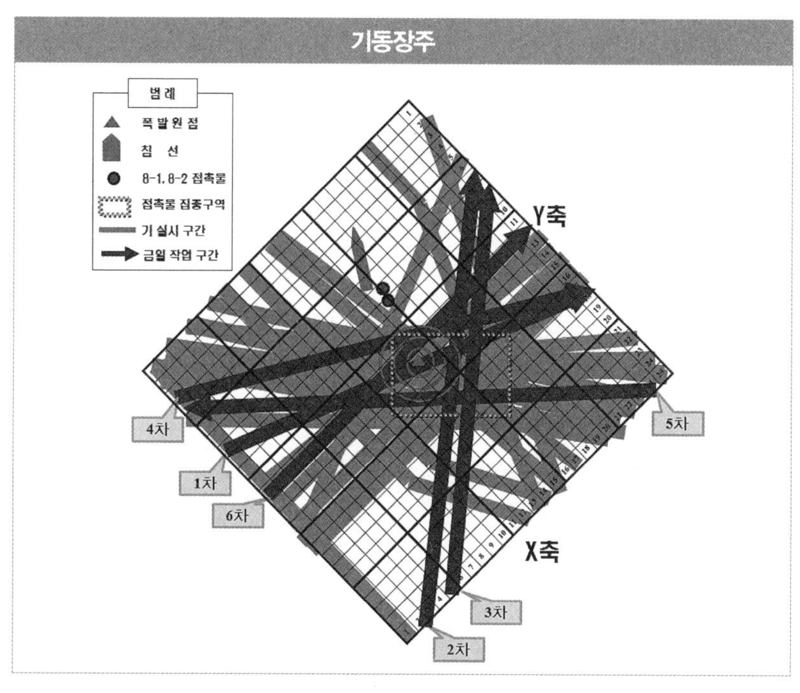

수거물(5.14)

○ 1차 작업(Y 8 → Y 18)

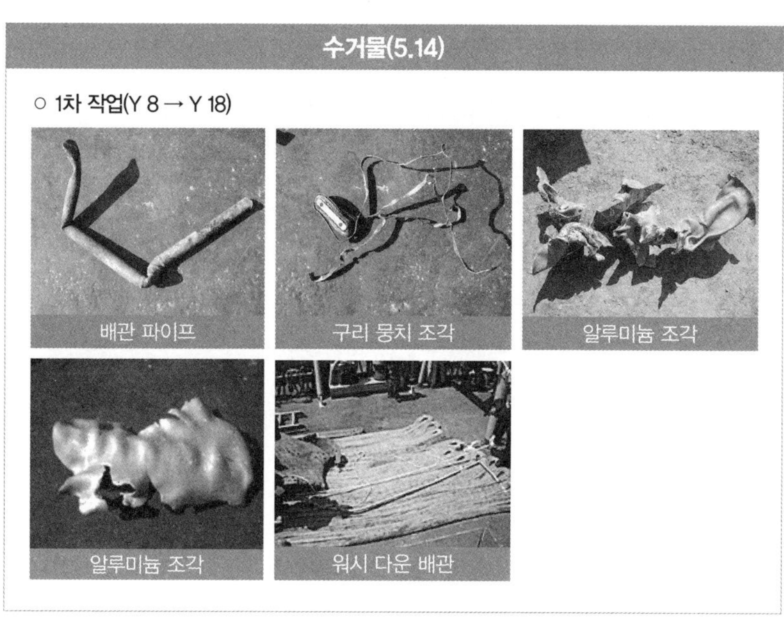

수거물(5.14)

○ 2차 작업(X 2 → Y 7)

알루미늄 조각 / 계단 안전손잡이 / 소형 앵커
침선의 파손된 철제 / 소형 비트 / 소해함 위치표지 납덩이

○ 3차 작업(X 5 → Y 8)

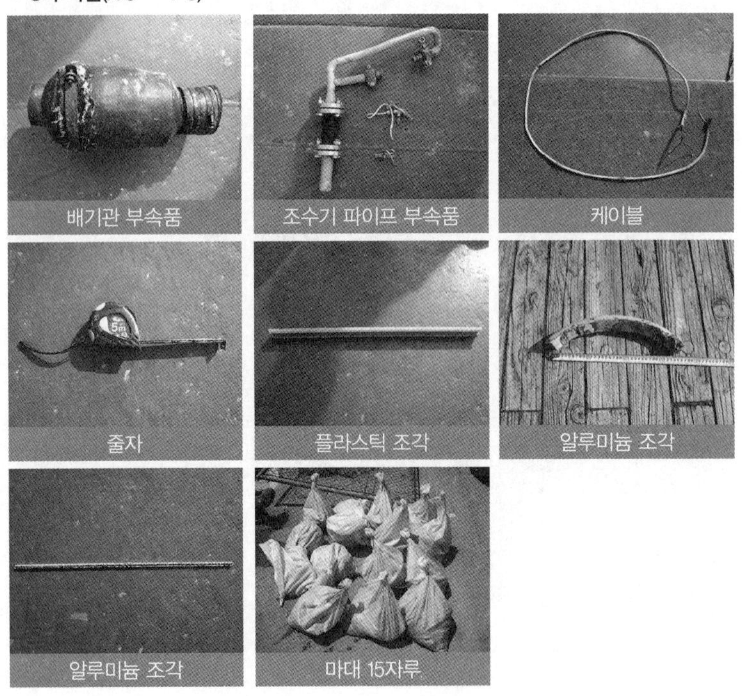

배기관 부속품 / 조수기 파이프 부속품 / 케이블
줄자 / 플라스틱 조각 / 알루미늄 조각
알루미늄 조각 / 마대 15자루

수거물(5.14)

○ 4차 작업(Y 3 → Y 18)

형광등 케이스

동파이프 조각

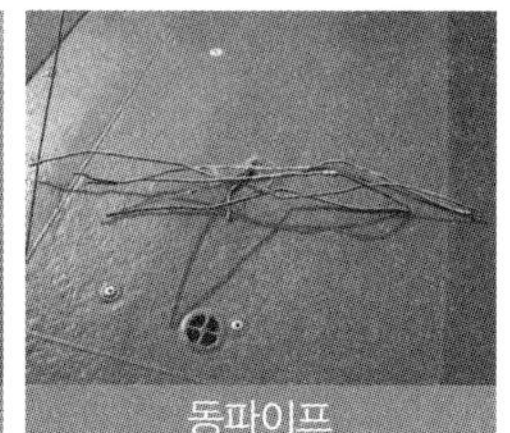
동파이프

알루미늄 조각

수거물(5.14)

○ 5차 작업(X 24 → Y 4)

가드라인 파이프

스위치 단자 / 케이블

오일 주입기

투명 플라스틱 조각

알루미늄 조각

알루미늄 조각

◎ 2010.5.15.(토) 맑음, 파고 1m

"또 발전기 같은 것이 올라왔네"

즐거운 토요일이다. 휴일이 없어진 지 꽤 오래된 것 같다. 아침 일찍 5전단장님이 현장을 방문하시겠다는 연락이 왔다.

투묘지에서 이탈하기 전 대평 11호에 5전단장님을 편승하고, 이동중에 청와대보다 맛있다는 아침식사를 대접해 드렸다. 현장에 도착해서는 좋은 분위기에서 작업이 시작되었다. 최초 계획은 대평 12호가 그물을 투망하는 순서였다. 그렇지만 5전단장님에게 작업하는 모습을 이해시키고, 현장을 보여주고 싶은 마음에 이동 중 대평 11호로 순서를 바꾸었다.

오늘은 그동안 수거물이 집중되어 있는 포인트부터 작업이 시작되었다. 정확한 지점에 그물을 투하하고, 최대한 침로를 유지하면서 작업은 순조롭게 진행되었다. 揚網(양망)이 시작되면서 역시나 그물에 많은 잔해물이 올라오기 시작했다. 선원들은 올라오는 그물을 찢어 잔해물을 꺼내기 시작했고, 선장은 안전을 고려하여 그물 인양속도를 적절하게 조절했다. 함정의 각종 부속품들이 처참할 정도의 모습을 한 채 그물 속에 담겨 있었다.

한참을 작업하다가 갑자기 갑판장의 목소리가 귀에 들어왔다.

"또 발전기 같은 것이 올라왔네."

작업위치 바로 위쪽에서, 그 말과 함께 조그마한 스크류가 눈에 들어왔다. 그것도 트윈 스크류….

2000년도 미국 폭발물 처리과정에서 어뢰 처리시 많이 봐왔던 21인치 어뢰 테일(꼬리) 부분이었다. 급하게 계단을 내려가 잔해물을 확인했다.

순간 머릿속이 멍해졌다. '내가 찾는 것이 이것인가?'

어뢰의 꼬리 부분은 생각보다 깨끗했다. 일부 나사 부분만 약간 녹이 있는 상태로 스크류 부분은 정확한 형태를 유지하고 있었다. 스크류 윗부분에 찌그러져 있는 얇은 알루미늄 판으로 보이는 회색의 금속물체가 있고, 본체 부분은 녹이 슬어가는 형태의 관이 길게 이어져 있었다.

그리고 특이한 것은, 흰색 밀가루 반죽 같은 것이 여기저기 조금씩 붙어 있었다. 급하게 선장을 불렀다.

"선장님, 찾은 것 같네요"

"선장님, 이 물건, 바닷속에 얼마나 있었던 것 같아요?"

선장이 스크류를 돌려보았다. 전혀 저항없이 잘 돌아갔다.

"오래 되지 않은 거네요. 스크류도 잘 돌아가고…."

"선장님, 찾은 것 같네요."

급하게 조타실로 올라갔다. 5전단장에게 21인치 스크류를 발견했다고 보고했다.

"저게 어뢰 맞아? 저런 건 한 번도 본 적이 없어서 잘 모르겠는데…."

"제가 미국 EOD(폭발물 처리반) 교육 받을 때 수없이 본 겁니다. 정확합니다."

"그러면, 탐색구조단장님께 보고드려."

아마도 탐색구조단장님은 잠수함 출신이시라 어뢰에 대해서 잘 아실 것으로 생각되었다.

"필승! 사령관님, 오늘 1회 작업시 어뢰 테일 부분을 인양했습니다."

"엉!! 스크류 있어?"

이어서 세부적인 형태를 설명드렸다.

"예, 트윈 스크류 21인치 어뢰 맞습니다. 일부 나사부분에 녹은 보이지만 전반적으로 깨끗한 상태입니다."

"뒷부분이 검정색으로 되어 있고, 스크류 날개가 엇갈리게 되어 있는

게 맞아?"

"예, 정확합니다."

탐색구조단장은 긴급하게 RIB(고속단정)를 준비하라고 지시하였다. 다급하시긴 하셨던 모양이다. RIB는 구조지휘함에 위치하고 있고, 참모에게 지시를 하여야 하는 것인데….

5전단 情作(정작)참모에게 RIB를 준비하라고 연락했다. 이어서 합조단 책임자로 와있는 최두환 대령에게도 연락을 취하라고 천종필 상사에게 이야기하고, 혹시나 누가 핸드폰 사진으로 언론에 미리 제공하는 문제점을 고려해서 갑판장에게 그물 여유분 일부를 잘라 달라고 해서 발견된 어뢰를 덮어놓았다.

"선원 핸드폰을 회수하라"

연락한 지 얼마 되지 않아 탐색구조단장과 합조단 최 대령이 현장에 도착하였다. 현장에서는 합조단 파견자인 천종필 상사만이 디지털 카메라를 보유하고 있어서, 전반적인 採證(채증) 사진을 촬영하고 형태를 식별하는 작업을 진행시켰다.

전체가 들뜬 분위기였지만, 이제는 후속처리가 중요하였다. 일단은 이송중 외부에 노출되지 않게 소해함에 담요를 한 장 요구하여, 해병대 RIB로 이송하기로 하였고, 발견된 어뢰를 신중하게 포장하였다. 어뢰에 묻어 있는 화학물질이 손상되지 않도록 하는 것도 중요하기 때문이었다.

동시에 올라온 어뢰 발전기를 정확하게 식별하는 사람이 현장에 없었다. 어뢰 앞부분 파이프 끝부분과 구멍사이즈가 거의 일치하는 것으로 봐서는 한 몸체에서 분리된 것 같기도 하지만 확실치 않아서, 일단은 같이 보내기로 결정하였다.

탐색구조단을 통해서 헬기 긴급요청을 하고, 장촌부두에 육로이송용 트럭도 동시에 준비를 시켰다. 혹시나 RIB 이송시의 해상추락을 염려해서 대평 11호를 장촌부두 低수심까지 이동시킨 후 어뢰를 전달하기로 하고, 해상 운송을 시작하였다.

"현장의 최 대령과 권영대 중령을 제외하고, 선원들 포함 전원 핸드폰을 회수해. 내용물이 정확히 파악되고 발표가 있을 때까지 외부로 현장상황을 일체 발설하지 말 것."

탐색구조단장의 지시가 떨어졌다. 천안함 艦尾(함미) 인양시 핸드폰 사진이 사전에 언론에 유출되어 곤욕을 치른 기억이 난다. 참으로 타당한 지시라고 생각이 들었다.

장촌부두에서 어뢰를 RIB에 이송시켜준 이후, 탐색구조단장, 5전단장, 합조단 관계관들이 모두 下船(하선)했다. RIB에 어뢰를 이송하면서 최두환 대령에게는 당부를 하였다.

"금속물질이 海中(해중)에서 나오게 되면 공기를 만나 금방 녹슬게 되니 확인이 끝나는 대로 淸水(청수)로 깔끔하게 세척해야 합니다. 반드시 알려주십시오."

이것은 해군이라면 당연히 생각하고 할 것이지만, 합조단이 대부분 육군이라 모르고 있을 거란 생각이 들었기 때문에 다시 한 번 강조를 하였다. 워낙 큰 일을 치른 느낌이라 오전에는 그물 손질 및 내부정리만을 하기로 하였다.

"총원, 전투배치!"

오후부터 다시 작업을 시작했다. 그러나 사뭇 다른 분위기가 느껴졌다. 오전에 있었던 상황에 따라 선원들 모두가 집중력을 잃은 모습들이 보였다. 아직까지 임무가 종료되지 않았는데 이렇게 가다가는 안전사고라도 날 분위기였다. 어쩔 수 없이 船內(선내) 마이크를 잡았다.

"선원 여러분! 이번 작전을 책임지고 있는 권영대 중령입니다. 여러분은 현재 단순히 물고기를 잡는 어선에 있는 것이 아닙니다. 지금 여기는 대한민국의 운명을 좌우할 수 있는 막중한 임무를 가지고 있는 곳이고, 漁場(어장)이 아닌 전투의 최전방에서 여러분은 치열한 전투를 치르고 있습니다. 대한민국의 국민이 여러분을 보고 있습니다. 따라서 지금부터는 용어부터 전투적인 용어를 사용하겠습니다."

"선장님! 지금부터 투망준비가 아니고, 총원 전투배치라는 용어를 사용하시죠."

갑자기 모두가 상기된 표정을 지었다. 곧이어 선장의 지시가 떨어졌다.

"총원, 전투배치!!"

역시 선장의 카리스마는 대단했다. 어설프기는 하지만, 선원 모두가 '전투배치'를 복창하고 그물 투망을 준비했다.

다행스럽게 가라앉았던 분위기는 다시 이전의 모습을 찾아가기 시작했다. 총 5회의 작업을 끝으로 하루 일과를 종료했다. 입항 후 합조단과 향후 일정을 논의하고, 결과 보고를 작성했다. 수거물이 완벽하게 분석될 때까지 어떠한 언급도 하지 말라는 상부지시에 따라 결과 보고 내용에는 '어뢰 발견' 부분을 별도로 정리하고, 대외 전파시 제외시켰다.

탐색 구조단에서 내일 日課(일과) 종료 후 구조지휘함에 복귀하라는 지시가 내려왔다. 어뢰가 발견된 부분에서 아직까지 추가적인 잔해가 나올 수도 있을 텐데, 종료하는 것일까? 하는 의문이 들었다.

내일도 어뢰 발견구역의 집중 수색을 계획하고, 대원들에게 충분한 휴식을 지시했다. 최초에 김남식 어선 선장과 약속했던 것이 기억났다.

'결정적인 증거물을 수거하게 되면, 선원들과 멋지게 사진 한 번 찍읍시다.'

그러나 사진을 찍을 수 있는 상황이 되지 않아 아쉽기만 하다.

일과현황보고 (5. 15/토)

□ 쌍끌이 어선 잔해물 인양 작업

○ 시간/장소 : 08:00 ~ 18:00시 / 접촉물 집중구역

○ 세 력 : 고령함, 대평 11/12호

○ 어선 편승인원

구분	명 단	비 고
대평 11호	• U D T : 중령 권영대, 하사 이진식 • 52전대 : 상사 최상찬 • 합조단 : 상사 천종필	4명
대평 12호	• U D T : 소령 김대훈, 상사 강수환 • 합조단 : 중사 이진호	3명

○ 인양결과 : 총 24점

구분	작업 위치	수거물 현황
1차 (08:30~09:20)	Y10 → Y16	① FCU 통풍기 ② 소자장치(115×70) ③ 알루미늄 조각(27×6) ④ 동파이프 조각(60×30) ⑤ 스테인레스 밴드(500×3)

1차 (08:30~09:20)	Y10 → Y16	⑥ 구리 배관((150×3) ⑦ 철구조물 ⑧ 미상 부속품 철제 조각 ⑨ 가스터빈 흡입구 조각(360×220) ⑩ 元·上士실 철제 바닥(150×70) ⑪ 기관실 바닥 플레이트 ⑫ 탁자 받침대 ⑬ 소자장치 전력공급 장치(119×184×53) ⑭ 조수기 부속품(84×39)
2차 (14:04~15:33)	Y10 → Y18	① 찌그러진 식탁(210×100) ② 인공호흡 표지판(20×15)
3차 (15:40~16:10)	Y23 → Y4	① 플라스틱 조각(77×10) ② 플라스틱 조각(52×4) ③ 미상 조각(11×14) ④ 조수기 판넬(65×64)
4차 (16:08~16:32)	Y11 → Y11	① 공기 정화기 필터(200×59) ② 동파이프(73×2) ③ 양철 표지판 꽂이(30×24)
5차 (16:35~17:05)	Y5 → X7	① 자연 통풍관 커버

* 세부내용은 '덧붙임' 수거물 사진 / 작업구역 상황도 참조

※ 운용 종합(5.3~5.15) : 07일간, 장주 35회, 인양물 159점

□ 예정일과[5. 16(일)]

▲ 쌍끌이 어선 잔해물 인양 작업

○ 시 간 : 09:30 ~ 18:00시

※ 조석 고려 최대 8회 전후 작업 예정

※ 가능시간 : 오전(09:30~13:00시), 오후(15:30~18:00)

※ 민간 크레인 작업현장 도착시 장촌포구 앞 투묘대기(특수그물망 보수작업 실시)

○ 장 소 : 접촉물 집중구역

○ 세 력 : 고령함, 대평 11/12호

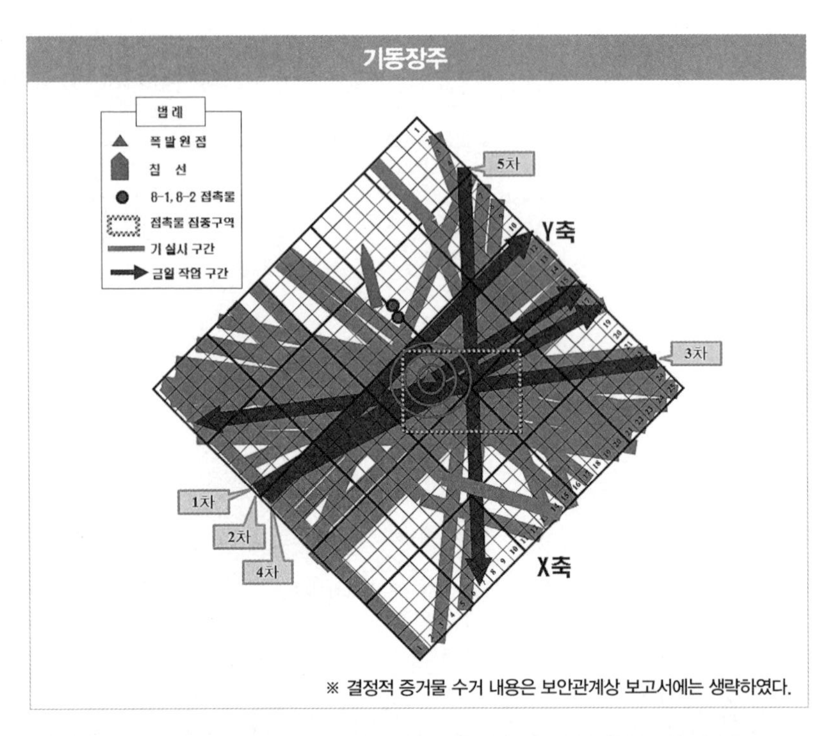

※ 결정적 증거물 수거 내용은 보안관계상 보고서에는 생략하였다.

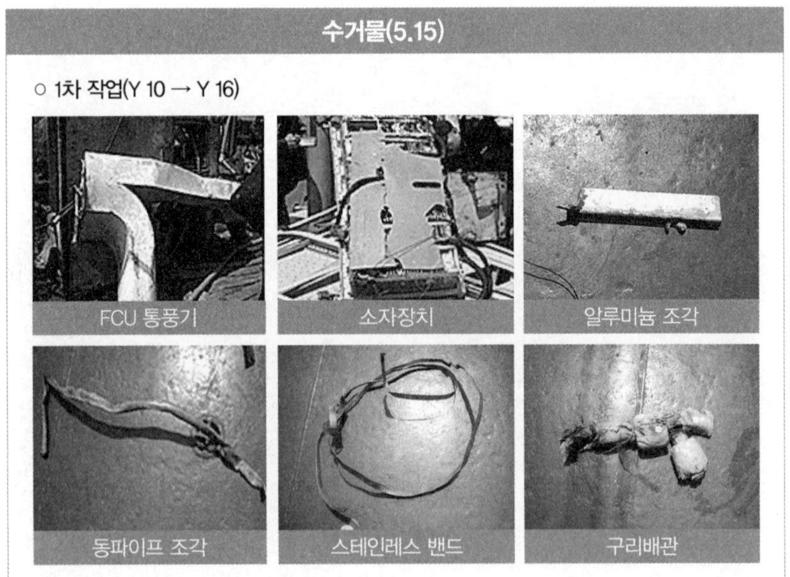

FCU 통풍기 / 소자장치 / 알루미늄 조각

동파이프 조각 / 스테인레스 밴드 / 구리배관

수거물(5.15)

○ 1차 작업(Y 10 → Y 16)

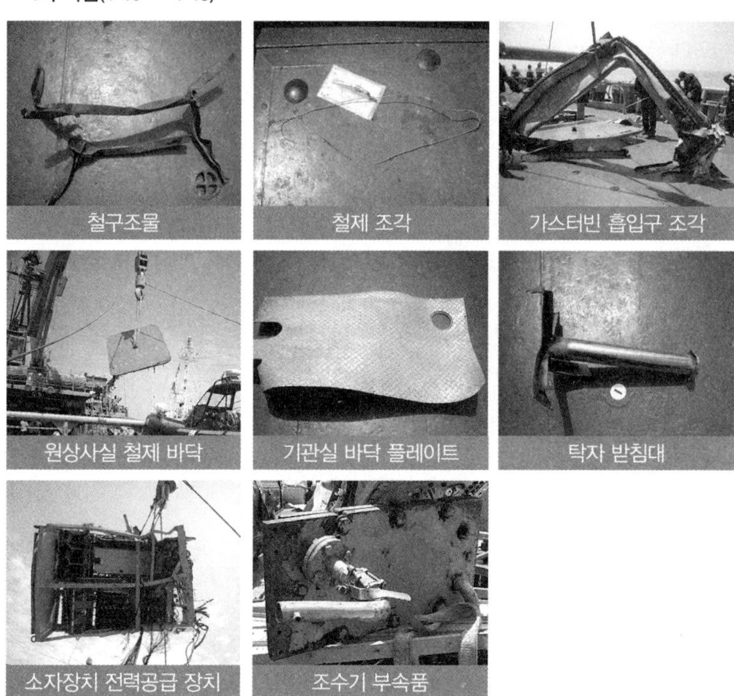

철구조물 / 철제 조각 / 가스터빈 흡입구 조각

원상사실 철제 바닥 / 기관실 바닥 플레이트 / 탁자 받침대

소자장치 전력공급 장치 / 조수기 부속품

○ 2차 작업(Y 10 → Y 18)

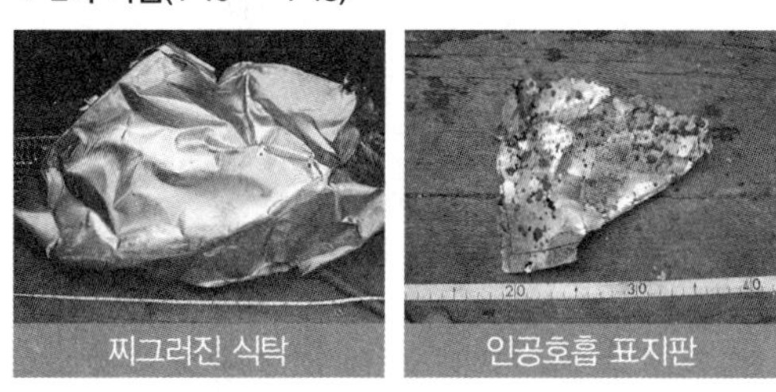

찌그러진 식탁 / 인공호흡 표지판

수거물(5.15)

○ 3차 작업(Y 23 → Y 4)

플라스틱 조각

플라스틱 조각

미상 조각

조수기 판넬

○ 4차 작업(Y 11 → Y 11)

공기 정화기 필터

동파이프

양철 표지판 꽂이

○ 5차 작업(Y 5 → X 7)

자연 통풍관 커버

5

마무리

생각하지도 못한 수준의 큰 목표를 이루다보니, 무엇을 더 찾아야 할지 의문이 생길 정도로 모두 의욕이 떨어져 있었다. 합조단에 질문을 던졌다.

"또 무엇인가 나올 수 있습니까?"

"스틱 모양의 배터리를 찾을 수 있으면 더 좋겠습니다. 물론 없어도 큰 문제는 되지 않습니다."

그러나 쌍끌이 어선 양망시 여전히 잔해물들이 올라온다. 과연 어느 시점에 그만둘 수 있겠는가? 결국 그물에 아무것도 걸려오지 않을 때가 끝날 때인 것 같다.

"선장님, 한 달은 더 해야겠는데요."

"해볼 때까지 해보죠."

농담도 해본다.

◎ 2010.5.16.(일) 맑음, 파고 1m

"어뢰에서 '1번'이란 글자가 나왔다는데요"

평소와 같이 아침부터 일과를 진행시켰다. 아침에 출항하면서, 합조단 천종필 상사가 진행사항 일부를 알려줬다.

"어제 어뢰에서 '1번'이라는 글자가 나왔다는데요, 한글로 나온 글자라 확실한 증거물이 되는 것 아닙니까?"

순간 의아한 생각이 들었다. 어뢰를 발견했을 때 나름대로 살펴봤는데, '1번'이라는 글자는 전혀 본 기억이 없었다. 앞쪽이나, 아주 조그만 글씨로 되어 있나보다라고 생각했다.

이전과 똑같은 과정으로 오전에 총 5회의 인양작업을 실시했다. 그런데 이상하게도 수거물이 급격하게 줄어들었다. 선원들의 작업 방법이나 절차가 똑같이 진행되었음에도 불구하고 일부 잔해의 조각들만 그물에 들어 있었다. 오전 작업을 종료하면서 선장에게 이야기했다.

"물 속에 있는 전우들의 영혼들이 지금까지 열심히 그물에 잔해들을 넣어주었는데, 결정적인 증거물을 넣어주고는 이제 쉬러 갔는가 보네요."

"그러게요, 거 참 신기하네요."

점심을 먹고 나서 탐색구조단에서 '오후에 백령도에서 철수하여 구조지휘함에 위치하라'는 지시를 받았다. 구조지휘함에 있는 CRRC(작전용 고무보트)와 RIB(고속단정)를 이용하여 1600시경 구조지휘함으로 총원을 이동시켰다.

보름이 넘는 백령도 생활에 정도 많이 들었는데 떠나는 것이 아쉬웠다.

복귀신고 후 방을 배정받았는데, 52전대장 김창헌 대령, 해난구조대장 김진황 중령과 한 방에서 생활하게 되었다. 저녁에 결과보고를 작성하고, 야식을 먹었는데 라면이었다. 오랜만에 먹어보니 정말 맛있었다.

내일은 쌍끌이 어선의 그물을 전반적으로 보수하고, 재정비하는 시간을 갖기로 하였다. 선장에게 오늘 하루도 수고했다는 전화를 하고, 그동안 밀렸던 빨래를 했다. 나도 역시 해군이라 艦上(함상)이 마냥 편한 것을 느끼는 순간이었다. 선배님들과 즐거운 이야기를 나누면서 잠자리에 들었다.

'이제 진짜 집에 갈 날짜도 얼마 남지 않았나 보네….'

갑자기 그동안 연락도 거의 못했던 집사람과 애들이 많이 보고 싶다는 생각이 든다.

일과현황보고 (5. 16/일)

□ 쌍끌이 어선 잔해물 인양 작업

○ 시간/장소 : 09:00 ~ 13:30시 / 접촉물 집중구역

○ 세 력 : 김포함, 대평 11/12호

○ 어선 편승인원

구분	명 단	비 고
대평 11호	• U D T : 중령 권영대, 하사 이진식 • 52전대 : 상사 최상찬 • 합조단 : 상사 천종필	4명
대평 12호	• U D T : 소령 김대훈, 상사 강수환 • 합조단 : 중사 이진호	3명

○ 인양결과 : 총 8점

구분	작업 위치	수거물 현황
1차 (09:26~09:57)	Y7 → Y19	① 관 개폐기(40×40)

2차 (10:00~10:25)	Y15 → Y15	① 플라스틱 조각(12×12)
3차 (10:34~10:59)	X18 → X6	① 철망(15×20) ② 천 꼬리표(83×8) ③ 알루미늄 조각(17×8) ④ 콘솔박스(50×12×46)
4차 (11:05~11:35)	Y24 → Y6	수거물 없음
5차 (11:38~12:14)	Y18 → Y18	① 소화펌프 플라스틱 커버(50×38) ② MCR 콘솔박스(220×200)

* 세부내용은 '덧붙임' 수거물 사진 / 작업구역 상황도 참조

※ 운용 종합(5.3 ~ 5.16) : 08일간, 장주 40회, 수거물 167점

□ 예정일과[5. 16(일)]

▲ 쌍끌이 어선 잔해물 인양 작업

○ 시 간 : 09:30 ~ 18:00시 ※ 조석 고려 최대 8회 전후 작업 예정

□ 백령도 업무협조반 구조지휘함 복귀 : 16:00시 / 중령 권영대 등 4명

※ 지시 의거(탐색 구조단) 백령도 철수

□ 예정일과[5. 17(월)]

▲ 쌍끌이 어선 그물망 전반적 보수 및 보강작업

□ 쌍끌이 어선 운용 중간 평가

* 백령도 업무연락반(중령 권영대) 개인의견도 포함되어 있으며, 금일 구조지휘함 복귀로 마지막 보고서입니다.

▲ 쌍끌이 어선 운용 성과(4.30 ~ 5.16)

○ 운용기간 총 8일(대기일 제외), 40장주, 총 167점을 수거하였으며 현재까지 8-2번 접촉물 부근 제외 80% 이상 수거한 것으로 판단

* 일부 공개적 보고에 포함되지 않은 수거물은 제외

○ 어선의 선주 및 선장은 사명감을 느끼면서 작업에 열중하고 있음

* 국가안보에 보탬이 되는 보람된 일을 한다는 자긍심

▲ 쌍끌이 어선 계약 관련(중경단,[39] 해본)

○ 기존 계약기간은 5.20(목)으로 추가운용 필요시 수정계약 필요

39. 중경단(중앙경리단): 軍에서 예하부대에 대한 예산 집행, 결산, 급여 등 관련 업무를 하는 부대.

– 추가운용(무료) 가능성을 선주와 협의중에 있으나 명확한 답변 회피

* 1~2일을 무료봉사 개념으로 운용 협의 중

* 선장의견 : 현재 유류 30% 수준으로 그 이상의 작업에 대한 애로 표명

○ 20일 이후 추가 운용 필요시 유류적재(2일 소요) 소요 발생

* 추가작업 소요 조기판단 필요

▲ 백령도 어촌계와 쌍끌이 어선 운용 협의 관련

○ 작업현황에 대한 지속적 통보로 원만한 관계 지속중

– 어획물에 대한 결과통보 및 상시 승선가능(어획물 확인) 통보 조치

○ 기간중 보상에 대한 요구는 아직 없으며, 상황종료시 발생 가능

– 어촌계 관련자간 보상 필요/불필요 의견이 양분되어 조정 필요

▲ 합조단 업무협조 관련(평택 및 백령도 파견팀)

○ 매 작업종료 후 D-Briefing 실시 및 보고내용 통일

– 상호 의견교환 등을 통하여 각 지휘부의 불신 최소화 조치

○ 각종 자료 공유로 효율적인 임무수행 추진

▲ 결 언 : 전반적 쌍끌이 운용작전은 성공적으로 평가됨.

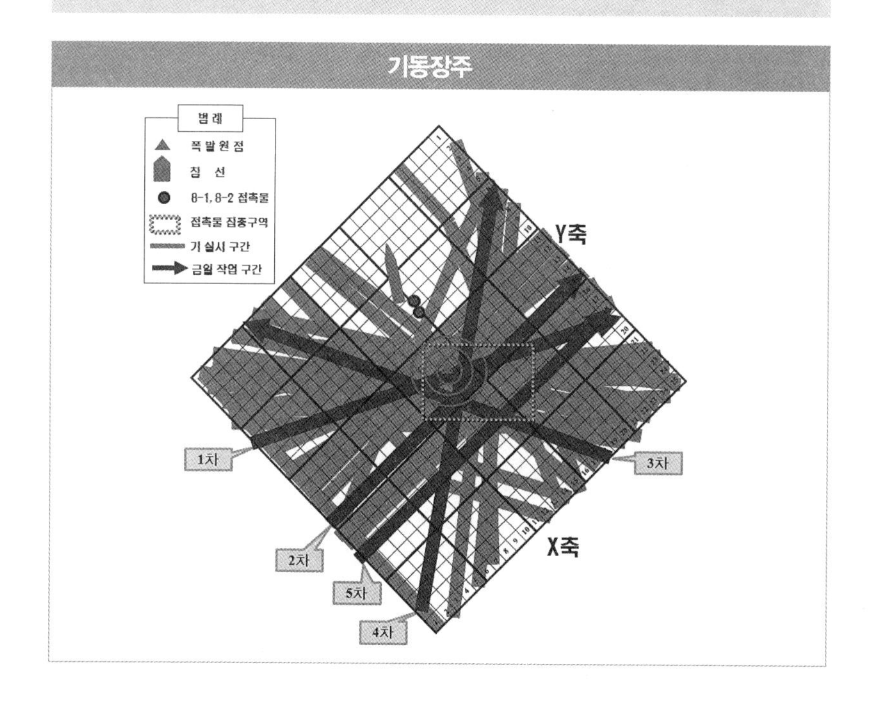

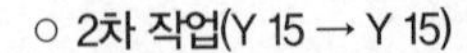

수거물(5.16)

○ 1차 작업(Y 7 → Y 19)

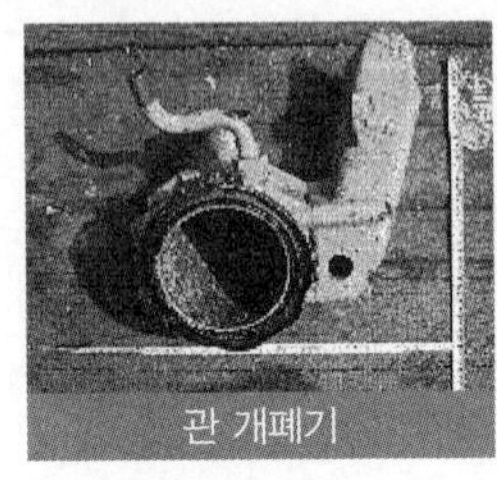

관 개폐기

○ 2차 작업(Y 15 → Y 15)

플라스틱 조각

○ 3차 작업(X 18 → X 6)

철 망

천 꼬리표

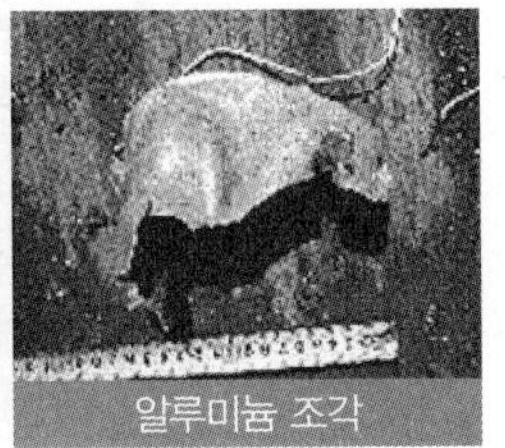

알루미늄 조각

콘솔박스

○ 4차 작업(Y 24 → Y 6) : 수거물 없음

○ 5차 작업(Y 18 → Y 18)

소화펌프 커버

MCR 콘솔

◎ 2010.5.17.(월) 맑음, 파고 1m

교훈집 위해 자료 정리

오랜만에 함정에서 아침 식사를 하고 대평호를 구조지휘함에 계류시켰다. 아침 潮汐(조석)을 고려해서 해저 잔해물 인양작업을 실시하였다. 인양물이 이상할 만큼 급격하게 줄어든 느낌이다. 겨우 콘솔박스 하나만 수거하였다.

오늘은 오전 작업으로 종료하고, 가스터빈 인양관계로 작업장을 민간크레인에 양보하였다.

오후에 전체 작전일정을 정리하였다. 매우 복잡한 자료들이 산재해 있었다. 교훈집을 만들기 위한 자료와 차후 참고자료를 별도 분리하여 정리하였다. 무식할 정도로 과감하게 현장에 뛰어들었던 초기의 모습이 눈에 선하다. '군인으로서 국가가 원하면 아무리 위험한 곳도 당연히 목숨을 걸고 돌진해야 한다는 것이 기본이 아닌가…' 하는 생각과 '부하 대원들이 너무나 힘이 들었구나' 하는 생각이 교차했다.

저녁에 탐색구조단장님의 軍 경험과 교훈들을 경청했다. 정말 군인의 표상이 될 만큼 존경스러운 분이다. 각종 어려움과 국민의 질타를 슬기롭고도, 현명하게 또한 의연하게 대처하는 모습을 언제나 일관성 있게 보여 주신 것 같다. 결코 쉽지 않았을 것이다.

오늘 심야시간부터는 민간크레인을 이용하여 가스터빈을 인양한다고 한다. 엄청난 중량에 위험이 많이 따르는 작업이다. 안전하게 마무리되기를 기도한다.

◎ 2010.5.18.(화) 맑음, 파고 1.5m, 풍속 20kts, 시정 1nm

'뭔가 있나?'

아침 일찍이 김진황 중령이 반가운 소식을 전했다. 계획했던 천안함 가스터빈을 이상없이 인양했다는 것이다. 밤새 고생을 정말 많이 한 것 같은데, 표정이 정말 밝았다. 그러나 아직 끝난 게 아니란 이야기도 했다. 가스터빈이 있던 船底(선저)를 인양해야 한다는 것이다. 역시 무게는 엄청나지만, 인양체인을 연결하는 작업도 해놓았기 때문에 무리 없이 인양될 것 같다고 했다.

각종 자료들이 종합되고 정리되고 있다. 매일 매일을 전쟁터에서 보낸 느낌이다. 아직 작전이 완전히 종료되지 않았지만 논공행상도 거론되고 있다. 여러 번 토의가 이루어졌지만 큰 의미는 없는 것 같다. 저녁에 탐색구조단장이 재미있는 이야기를 하였다.

"외부에서 각종 전화가 와서, '뭔가 있지 않느냐? 정말 갑갑하다'라는 질문을 하는데, '나도 정말 갑갑합니다'라고 답변한다"고 하면서, 실제로는 성과를 얻지 못해서 갑갑한 것이 아니고 증거물을 회수했다는 말을 못해서 갑갑한 것이라고 하였다. 100% 공감하는 바이다. 나도 매번 전화 통화를 할 때마다 물어보지만 시원하게 이야기해 주지 못하는 것이 많이 힘들었다.

내일 새벽에 가스터빈실 船底(선저) 함체가 인양되면, 상부지시가 있을 때까지 쌍끌이 어선을 이용한 해저 잔해물 인양작업은 계속하기로 했다. 선장에게 준비하라고 이야기하고, 視程(시정)이 좋지 않으니 항해시 특히 주의하라는 당부도 하였다.

4

작전의 종료

1

쌍끌이 어선의 마지막 작업

시작이 있으면 언젠가 끝도 있다. 그러나 끝을 딱 잘라 구분하기란 어렵다. 이 사건은 국가적으로 엄청난 사건이고, 증거물을 찾고 있는 어선에도 역사적일 것이다. 충분한 근거를 가지고 작업을 종료해야 한다. 누가 끝내라고 할 수 있는 것도 아니다. 탐색구조단장에게, 현장에서 판단해 건의 형태로 작업을 종료시키겠다고 보고했다. 언제나 답은 현장에 있기 때문이다.

◎ 2010.5.19.(수) 맑음, 파고 1.5m, 시정 100yds

영혼들도 돌아간 느낌

밤새 고생한 김진황 중령이 이상없이 복귀했다. 계획대로 가스터빈실 船底(선저) 함체를 인양했다는 보고를 탐색구조단장에게 했다. 워낙 철두

철미하고 용감한 성격이라 빈틈없이 임무를 완수한 것 같다. 생도 때부터 봐왔지만, 책임감 하나는 他(타)의 추종을 불허하는 것 같다.

아침부터 짙은 안개가 자욱했다. 그러나 주어진 임무는 완수해야겠다는 판단으로 쌍끌이 어선을 구조지휘함으로 유도했다. 약간은 위험한 상황도 있었지만 무사히 대평호에 편승하여 작업을 시작했다. 오직 어선의 레이더에만 의존해야 하기 때문에 쉽지 않은 작업이었다. 총 4회의 작업을 실시했는데, 신기할 정도로 수거물이 없었다. 겨우 철판 2개와 쌍안경 1개만을 수거했다. 정말 수중에서 전우들의 영혼들이 도움을 주다가 이제 할 일을 끝마치고 돌아가버린 느낌이었다.

두 번째 작업시 대평 11호와 12호가 그물 인계과정에서 충돌할 뻔한 상황이 있었다. 해군에서는 艦上(함상) 근무시 항상 마지막을 조심하라고 했는데, 그것은 마지막이 다가오면 마음이 해이해지는 현상이 있기 때문일 것이다. 모든 면에서 집중하기로 했다.

상부에 수거물이 거의 전무하고 안개로 인한 작업이 어렵다고 보고했다. 복귀하라는 지시가 떨어졌고, 선장은 복귀 후 내일 합조단 발표 시 참가하라는 지시도 포함되었다. 어선을 조심조심해서 구조지휘함에 계류 조치하고, 선장과 함께 사진을 찍었다. 생각해보니 지금까지 같이 찍은 사진이 하나도 없었다. 주어진 일에만 몰두하다 보니 미처 생각하지 못한 일이었다.

오후에 선장에게서 전화가 왔다. 장촌항 이동중에 까나리 그물을 손상시킨 것 같다는 것이다. 난감한 상황이다. 그래서 김대훈 소령에게 지시하여 백령도 어촌계장에게 잘 설명하고, 선처를 바란다고 이야기할 것을 지시했다. 그나마 김대훈 소령이 백령도에서 최초부터 어촌계장과 돈독한 사이를 유지했기 때문에 좋게 해결될 것을 기대했기 때문이다. 얼마 있지 않아, 잘 해결되었다는 선장의 전화가 걸려왔다. 다른 피해보상 없이 그물값 500만 원만 주고 끝내기로 한 것이었다. 역시 농어촌에 계신 분들이 情(정)은 정말 많은 것 같다.

대평호가 장촌항 투묘지에 복귀한 후, 선장은 헬기편으로 국방부로 이동 예정이란 이야기를 들었다. 백령도 현장에 나와 있는 최두환 대령도 같이 이동하여 합조단 발표시 참석할 예정이었다.

'어뢰를 찾은 과정을 해군이 설명하게 되면 국민들이 믿지 않고, 또 조작했다고 이야기할 소지가 있다. 그래서 현장에 있었던 선장을 보내기로 결정했다'는 설명을 들었다. 약간은 섭섭한 느낌이 있었지만 군인인 이상 상부의 판단에 따르는 수밖에 없었다.

그러나 문제가 생겼다. 어선 선장이 합조단 발표시 내가 같이 참석하지 않으면 서울로 가지 않고 바로 복귀하겠다는 연락이 왔다. 내가 가고 싶어 선장을 부추긴 듯한 약간의 오해도 생겼다. 그러나 역시 중요하지 않은 사항이었다. 다른 변명 없이 선장에게 잘 이야기하겠다고 했다. 작업시 針路(침로)선정 과정과 작업 목표 등을 충분히 설명해 주었다. 모든 작업시 지속적으로 오늘의 목표를 브리핑하고, 선정한 이유를 항상 이야기했기 때문에 선장도 충분히 잘 이해하고 있으리라 생각했다. 그리고 최두환 대령에게는 브리핑시의 要圖(요도) 포함 각종 자료들을 송부해 주었다. 자료만 보면 쉽게 이해되지 않겠지만, 핵심사항에 대해서는 충분히 대응할 수 있는 자료였다.

내일 합조단에서 최종 발표가 계획되어 있다. 어떻게 발표될지는 알려지지 않았지만, 우리가 찾은 어뢰가 결정적인 역할을 할 것이란 믿음이 있다. 밤늦게 선장에게서 전화가 왔다. 視程(시정)이 좋지 않아 헬기편으로 이동하지 못하고 고속정편으로 이동하여 이상없이 서울에 도착했다고 한다. 워낙 강한 성격이라 어디에서나 잘할 것으로 생각되었다. 탐색구조단에서는 작전종료 건의를 준비하고 있다. 이제 끝이 보이는 것 같다.

2

합조단 조사결과 발표

약 2개월간의 탐색구조, 천안함 인양, 결정적 증거물 인양 등 임무를 수행하는 동안, 합동조사단은 각종 과학적 근거와 全 세계를 이해시킬 수 있는 논리를 정리해서 발표했다. 全 국민이 시청하고 있을 거란 생각이 들었다. 긴장이 서서히 풀리는 느낌이 든다. 오랜만에 이발도 했다.

◎ 2010.5.20.(목) 맑음, 파고 1.5m, 시정 1nm

합조단 조사결과 발표, 그리고 '어뢰' 설명

오늘 합조단의 조사결과 발표가 있었다. 갑자기 나타난 결정적 증거물인 '어뢰!!' 다소 놀라지 않을 수 없었다.

당시 현장에서 보았던 어뢰는 나름대로 깨끗함을 느낄 수 있었는데, 오

합조단에서 발견된 어뢰를 바탕으로 결과를 발표하고 있다.

늘 본 어뢰는 녹이 심하게 슬어 꽤나 오래된 것처럼 보였다. 海中(해중)에 있었던 금속물체는 공기와 맞닿으면 당연히 腐蝕(부식)이 되는 것인데, 淸水(청수)로 세척을 하지 않았구나 하는 안타까운 마음이 들었다.

전반적인 발표가 진행되면서 매우 과학적으로 분석했구나 하는 생각도 들었다. 발표 과정에서 어뢰발견에 관한 질문이 나왔다. 기본적으로 제공했던 그림이 나왔고, 선장과 최두환 대령이 순차적으로 내용을 설명했다. 좀 세부적으로 설명이 되었으면 좋았으련만, 단순히 열심히 찾았다는 이야기로 답변이 이어졌다. 사실, 레그 하나하나가 밤새 고민해서 나름대로 과학적으로 계획되고, 진행되었던 것인데 많이 아쉬웠다.

그래도 선장의 당당한 답변은, 역시 선장답다는 느낌을 주었다. 한동안은 국가의 운명을 좌우할 수 있는 작업을 같이 한다는 동료의식이 있었는

어뢰 발견과정에 대해서 답변하고 있는 김남식 대평 11호 선장.

데, 이렇게 발표하는 모습을 보니 정말 자랑스러웠다.

발표 전에 "복장이 허름해서 옷을 하나 사고, 이발도 했다"라는 전화 통화도 했는데, TV에 나온 모습은 해상에서 봐왔던 모습에 대비해서 매우 야무진 모습이었다.

점심 식사를 마치고, 탐색구조단 임무가 종료되었다. 최초에는 진해 복귀시 헬기를 이용할 예정이었지만, 시정이 불량하여 함정으로 복귀가 결정되었다. 복귀중 선장으로부터 전화가 왔다.

"선장님, TV에 멋지게 나왔습니다"

"보셨습니까? 그냥 하고싶은 대로 이야기했고, 있는 그대로 이야기했습니다. 국방부 장관이 직접 격려해주고, 선물도 받았습니다. 대평호는 항해사가 끌고 가기로 했고, 저는 기차 편으로 내려갑니다. 나중에 부산 가면 뵙겠습니다."

"정말 수고 많으셨습니다. 선장님, TV에 멋지게 나왔습니다. 카리스마도 있고, 사모님이 보시면 자랑스럽게 생각하실 겁니다. 진짜 잘하셨습니다. 진해 내려가면 연락드리겠습니다."

대청도를 지나고 격렬비열도가 얼마 남지 않은 위치에서 視程이 많이 호전되었다. 기상 호전에 따라 헬기가 지원되고, 주요 직위자 위주로 헬기 이동 지시가 있었다. UH-60이 해상에서 착륙하였고, 교육사령관님을 포함한 주요 직위자들이 탑승했다. 헬기가 이륙하고, 아래 해상에서는 격렬비열도가 우리나라의 서쪽을 책임지듯 위용 있는 모습을 뽐냈다.

엄청난 졸음이 몰려왔다. 격렬비열도를 마지막으로 진해 착륙까지 기억이 나지 않는다. 교육사령관님이 진해 도착 후 "정말 잘 자네. 헬기타고 가면서 그렇게 잘 자는 사람은 처음 봤어"라고 했다.

어떻게 보면 백령도에서 천안함 작전 중 안 좋은 기억을 모두 잊어버릴 수 있는 잠이 아니었나 생각이 든다. 진해 도착 후 내복을 벗었다. 어느덧 진해는 초여름에 가까운 날씨였다.

"국가적 위기 극복에서 한두 명만을 영웅으로 만들 순 없다"

"사실만 보여주면…"

〈이 글은, 아직도 천안함 폭침이 북한의 소행이 아니라고 생각하는 모든 이들에게 참고할 수 있는 자료를 제공하는 것이 한 목적이다.…왜 국민은 대한민국 국민의 생명과 재산을 지키는 군인을 못 믿는 것인가? 우리나라의 군인을 믿지 못한다면, 어떻게 총을 쥐어주고, 나라를 안전하게 지킬 것을 바라면서 편히 잠을 잘 수 있는가? – 著者(저자)의 '프롤로그' 중에서.〉

천안함 爆沈(폭침) 사건의 현장에서 56일간 해군 탐색구조단 UDT 부대의 현장 지휘관으로 일한 權永代(권영대) 대령(51 · 사고 당시 중령)이 밝힌 이 책을 내게 된 이유다.

2016년 2월 초순, 수도권 한 해군 기지에서 그를 만났다. 1m72cm, 다소 마른 체형의 그는 운동으로 단련된 몸매였다. 경남 창원시 진해구 출생으로 1988

년 海士(해사)를 졸업했고 1989년 해군 UDT/SEAL 교육을 수료했다. 이후 해군 특수전 장교로서 작전대장, 특전대대장, 특전전대장 등 주요 보직을 역임했고, 해군 전투병과 장교로서 고속정 艇長(정장), 초계함 함장, 기동군수지원함 함장 등을 지냈다. 그는 정책부서인 연합사, 해군본부 및 해군작전사령부 등에서도 근무했다. 천안함 爆沈(폭침)시에는 해군 특전대대장으로 UDT/SEAL 戰力(전력)의 현장지휘관 임무를 수행했다.

"자료를 정리하기 시작한 것은 약 4년 전이고, 본격적으로 책 형태로 만들기 위해 원고를 준비한 것은 2년 전입니다. 사고 후 4년이나 지났어도 천안함 爆沈(폭침)사건에 대한 논란이 지속되는 것을 지켜보면서, 국민들에게 현장에서 직접 경험한 내용을 속 시원하게 설명해주는 게 필요하다고 생각되었습니다."

천안함 爆沈(폭침) 조사 과정에서 '북한의 어뢰 공격에 의한 침몰'이라는 확고한 증거물을 건져올린 사람으로서 가만히 있을 수 없어서 이 책을 쓰게 됐다는 것이 그의 설명이다. 당시 작성했던 56일간의 日記(일기)를 토대로 책을 엮었다. 權 대령은 가급적 개인적인 생각은 배제하고 현장에서 확인된 객관적 사실 위주로 글을 정리했다고 말한다.

"100% 객관적 사실만 보여주면 그걸로 다 북한에 의한 폭침이란 게 드러납니다. 현장을 지켜본 해군, 해병대 등 各軍 관계자들이 한둘이 아닙니다. 몇 사람이 사실을 조작했다고 하면 그 비밀이 지켜지겠습니까. 사고 조사 현장의 주요 지원인력들은 士兵(사병)들이었는데 그들이 거짓이나 사건 은폐를 보았다면 제대 후에 다 공개하지 않았겠습니까."

–천안함 침몰 첫 보도를 보고 암초충돌, 내부폭발, 어뢰공격 등 어느 쪽에 먼저 심증이 갔나요.

"최초 보도는 진해에서 들었습니다. 해군 장교의 기본상식으로는 破空(파공) 등에 의한 침수상황으로 이해했습니다. 설마 敵(적)의 공격에 의한 폭발이

라곤 생각 못하고 가스터빈 등 배 안의 뭔가 폭발한 것으로 생각했습니다. 그 후 이어지는 보도를 통해 船體(선체)가 절단된 것을 보고 내부 폭발로 선체가 두 동강 날 수는 없다고 보았고 어뢰 및 기뢰의 공격에 의한 상황이라고 이해했습니다."

"사고 현장엔 천안함을 좌초시킬 암초가 없다"

–사고 초기에 암초 충돌설이 많이 나왔는데요.

"암초에 의한 충돌로, 선체가 절단되는 상황은 절대 있을 수 없습니다. 군함이 아니라 일반 상선을 타는 선원들의 생각도 저와 같을 것입니다."

–최근 법원서 유죄판결을 받은 신상철이란 사람은 지금도 암초에 의한 침몰이라고 계속 주장합니다.

"제가 2개월 가까이 천안함이 피격된 해역을 샅샅이 봤는데 천안함을 좌초시킬 만한 암초가 없습니다. 선체가 분리된 채 인양된 천안함의 실체는 도저히 좌초로 설명할 수 없는 현상임에도 불구하고 너무나 터무니없는 주장을 한 것으로 생각됩니다. 그 사람은 조사 기간 동안 현장에 와본 적도 없는 것으로 알고 있습니다."

해군 특수전 요원인 한주호 준위의 작업중 사망은 천안함 피해 수습 과정의 한 전환기를 가져왔다. 일부 해군에 부정적이던 여론을 일시에 反轉(반전)시켜 국민들이 해군과 특수전 대원들의 노고를 이해하는 계기도 되었다. 이 책에도 한 준위의 감투정신을 소개한 기록이 상세하게 나온다. 權 대령은 美(미) 군함으로 후송돼 심폐소생술을 받던 한 준위에 대해 의료진이 포기하려 하자 한 시간 이상을 더 해보도록 강권했지만 결국 그는 깨어나지 못했다는 기록도 나온다.

"한 준위는 UDT/SEAL의 살아있는 전설"

"한 준위는 UDT/SEAL의 살아있는 전설이었습니다. 특수전 요원의 표본이었어요. 그의 솔선수범 정신은 그 누구도 흉내내기 힘들었습니다. 훈련 중 피고름이 생긴 대원의 상처를 입으로 빨아서 고름을 제거하는 등 후배 대원들에겐 정신적 支柱(지주)였습니다."

權 대령은 "한 준위는 어떤 임무에서도 자신이 빠질 수 없도록 상황을 만드는 사람"이었다고 회고한다. 청해부대 1진(2009년 3월 파병) 선발시 해군에서는 교전의 가능성이 충분히 있었기 때문에, 그를 선발에서 제외시킬 것을 고려했다. 그런데 본인이 직접 장비 준비, 대원의 교육훈련 등을 하면서 '제외시킬 수 없는 상황'을 만들었다고 한다. 최종 선발 무렵 한 준위가 權 대령에게 부탁했다고 한다.

"대대장님, 군 복무 30년이 넘어 이제 제대를 앞두고 있는데, 대원들과 함께 實戰(실전)을 치를 수 있는 곳에 가보는 것이 소원입니다."

차마 뿌리치기 힘든 건의였고, 결국 청해부대 제1진에서도 편안한 보직이 아닌 실전에서 가장 먼저 敵과 마주치는 보직으로 다녀왔었다고 한다. 權 대령은 특수전 요원은 일반 군인들과 다른 면이 있다고 했다.

"특수전 요원은 스포츠카와 비슷합니다. 젊었을 때 자기 체력의 한계까지 다 뽑아냅니다. 40대가 되면 체력이 떨어집니다. 아픈 곳도 많고 연골 정도는 다 나가고… 사고 당시 53세, 제대 2년 남았을 때지요. 한 준위는 어쨌든 솔선수범입니다. 훈련 때면 먼저 深海(심해)에 들어가 안전을 확인하고 후배들을 내려보냅니다. 제가 절대 무리하지 말라고 했지만 말을 안 듣습니다. 의가사 제대해야 한다는 말이 나올 때까지도 UDT 대원들은 아프다는 얘기는 지독하게 안합니다. 임무에서 빠질까봐서…."

權 대령은 "대부분의 UDT는 목숨을 거는 일을 두려워하지 않는다"는 말도 했다. 그 자신도 훈련을 받으며 세 번의 죽을 고비를 넘겼고 그런 고통을 겪은 이후엔 죽음에 대한 두려움이 많이 사라졌다는 말도 했다.

"중대장 때인 1990년 한 해에만 세 번의 죽을 고비를 넘겼습니다. 4월 팀스피리트 훈련 때 새벽 3시의 해상침투 훈련에서, 고무보트가 전복돼 정신을 잃기 직전 파도에 밀려 해안에 도달해 살아났습니다. 또 8월의 수중침투 훈련중엔 공기통의 공기 부족으로 질식사할 뻔하기도 했어요. 두 달 뒤인 10월엔 낙하산을 이용한 해상강하 훈련중, 낙하산이 완전히 펴지지 않아 자유낙하를 하다 물 속에 들어가기 직전에 낙하산이 펴져 살아나기도 했습니다. 교육단계에서부터 죽음을 두려워하지 않도록 그렇게 만들어집니다. 그렇게 어렵게 기술을 배우다 보니 UDT들은 제대 전에 實戰(실전)에서 써먹어야겠다는 강박감을 항상 갖고 삽니다."

KBS 誤報의 전말

이 책에는 언론보도로 인해 피해 사례도 실렸다. 2010년 4월7일 KBS에서 한 준위가 제3의 浮漂(부표), 즉 '다른 곳에서 죽었다'는 보도가 나온 것이다.

—한 준위가 제3의 장소에서 죽었다고 보도한 KBS 보도는 오보가 맞나요.

"완전한 오보입니다. 당시 현장에는 각종 위치부이(최초 함수가 사라진 위치에 설치된 부이, 발견시 위치를 확인하기 위한 부이, 잠수작업을 위한 부이 등)가 떠 있었습니다. KBS 기자가 백령도에 있던 예비역 UDT의 말을 듣고 보도한 것입니다. 해안 높은 곳에서 바다의 지점을 보면 정확한 위치 선정이 어렵습니다. 여기저기 漁網(어망)도 있고 위치부이도 이미 여러 곳에 있었어요. 아쉬운 것은 그쪽 지점이 맞냐고 해군에 문의라도 했으면 좋았을 텐데 그냥 보도부터 나갔습니다. 또 현장에는 작업인원뿐 아니라 특전사 병력, 소해함, 해병대원들은 물론 다른 언론사 기자들도 함께 있었습니다. 며칠 뒤 언론사 대표단이 현장을 방문했는데 그들 중에 KBS 사장님도 오신다기에 제가 따져보려고 별렀는데 사장님이 먼저 오보를 사과하셔서 그냥 넘어갔습니다."

"또 발전기 같은 게 올라왔네"

천안함 사고 후 50여 일이 지난 5월15일 조사단의 쌍끌이 어선이 결정적 증거물인 북한 어뢰를 발견한다. 그날 權 중령은 대평 11호 갑판에서 현장을 수습했다.

"갑판장이 '또 발전기 같은 게 올라왔네' 하는 겁니다. 곧바로 그물을 찢어 꺼내는데 스크류였습니다. 제가 2000년 미국에서 폭발물처리(EOD)과정 유학을 다녀왔어요. 이런 어뢰에 대해 한 일주일 정도 교육을 받았으니 어뢰가 눈에 익었고 이게 바로 爆沈(폭침)의 물증이라는 확신이 들었습니다."

權 중령은 즉시 배에 함께 있던 5전단장에게 보고 후 탐색구조단장께 무선으로 보고했다. 다행히 단장이 잠수함 근무 경험이 있어 어뢰를 잘 알고 있었다고 한다. 책에 실린 두 사람의 통화내용을 옮긴다.

〈"필승! 사령관님, 오늘 1회 작업시 어뢰 테일 부분을 인양했습니다."

"엉!! 스크류 있어?"

"예, 트윈 스크류 21인치 어뢰 맞습니다. 일부 나사부분에 녹은 보이지만 전반적으로 깨끗한 상태입니다."

"뒷부분이 검정색으로 되어 있고, 스크류 날개가 엇갈리게 되어 있는 게 맞아?"

"예, 정확합니다."〉

權 대령은 당시 어뢰를 찾은 것은 기적같은 일이라고 회고한다.

"사실 뭘 찾아야 하는지 모르는 상태에서 일을 시작한 겁니다. 손톱만한 쇠붙이 쪼가리라도 찾을 수 있으면 좋겠다 하는 심정으로 바다 밑을 훑고 있었습니다. 그런데 어느 순간부터 바다에서 배의 파편 등이 올라오기 시작하더니 어뢰까지 나온 겁니다. 사망한 戰友(전우)들의 魂(혼)이 우리에게 증거물들을 그물에 담아주는 것이라고까지 생각이 들 정도였습니다."

-어뢰 발견시 '1번' 글씨를 본 기억이 없다고 썼습니다.

"처음엔 어뢰의 외부 모습을 전체적으로 살펴보았고, '1번'이라는 것은 보지 못했습니다. 당시 그 부분은 알루미늄판 같은 것으로 덮혀 있었습니다. 모든 수거물들은 손상의 우려 때문에 최대한 접촉을 하지 않으려고 노력하였고, 따라서 스크류를 돌려보는 정도에서 더 이상 접촉을 자제하였던 겁니다."

김남식 선장, "국가에서 필요한 일이라면 해 봐야죠"

-쌍끌이 어선 김남식 대평 11호 선장은 민간인이면서 군인 못지 않은 열성을 보였고 결국 물증을 찾는 1등 공신이 됐습니다. 곁에서 함께 일하며 본 김 선장은 어떤 분이었나요.

"카리스마가 있는 분입니다. 덩치는 작지만 정말 야무지고 소신을 가진 인물이라고 생각합니다. 실제 작업이 停潮(정조)시에만 가능하여 하루 2~3회 정도라고 했으나, 막상 일을 시작하면서 욕심이 생겼어요. 그물을 많이 끌수록 증거물이 올라올 가능성이 높은 거죠. 저희는 어선이 이겨나갈 수 있는 流速(유속)에서는 작업을 해야 한다고 요구했습니다. 선장은 물론 어선 선원들의 고초를 요구하는 것이었어요. "국가에서 필요한 일이라면 해 봐야죠"라는 것이 선장의 대답이었고, 결국 하루 7~8회까지도 投·揚網(투·양망) 작업을 실시했습니다."

權 대령은 천안함 폭침 후 증거물을 찾을 때까지 가장 고생한 사람이 사망한 한주호 준위와 대평 11호 김남식 선장이 아니었냐는 질문엔 고개를 저었다.

"국가적으로 엄청난 재난이 발생한 상황에서 그걸 수습하는 데 누구 한두 명만을 영웅으로 만들 수는 없습니다. 현장에 투입된 全 인원들은 물론이고 물 속에서 魂(혼)이 된 전우들까지 포함해 모두의 염원과 노력이 맺은 결실이라고 생각합니다."

權 대령은 이 책을 통해 "바다의 위험함을 일반 국민들에게 알려주고 싶었다"고 했다.

"해군은 적과 싸우기 전에 바다와 싸워서 이겨야 된다고 합니다. 정말 자연 앞에서 인간은 한없이 나약한 존재들이고, 특히 해상에서 자연을 잘 이해하고 순응하지 못하면 힘없이 무너질 수밖에 없습니다. 해상에선 아무리 큰 함정이라도 한낱 조각배에 불구하고, 높은 파도에 배 안의 모든 물건들이 뒤집힐 정도로 바다의 힘은 강력합니다."

權 대령은 천안함 탐색구조 작전 종료 후 '保國(보국)포장' 받았다. 그는 1남 1녀를 두었다. 스물세 살 아들은 아버지를 이어 해군에 입대해 副士官으로 함정 근무를 하고 있고 딸은 올해 대학에 입학했다.

〈정리=金東鉉 기자〉

"도대체 뭘 더 건져주면 믿을 것인가?"

"天運이 따랐다"

지난 5월 20일, 국방부 民軍(민군) 합동조사단이 천안함을 爆沈(폭침)시킨 북한 어뢰 잔해를 공개하자, 천안함을 둘러싼 온갖 음모론이 수면 아래로 가라앉았다. 범행 현장에서 범인의 指紋(지문)을 찾은 것이나 마찬가지였기 때문이다. 북한 어뢰 잔해를 건져 올린 대평11호 船長(선장) 金南植(김남식·48)씨는 천안함 사건 조사결과 발표 기자회견장에서 "그물에 걸린 프로펠러를 봤을 때 전문지식은 없었지만 '바로 이것이구나' 했다"며 "天運(천운)이 따랐다"고 말했다.

지난 6월 초 서울에서 김남식 선장을 만났다. 키가 작고 다부진 몸매를 가진 김 선장은 짙은 전라도 사투리를 썼다. 그의 고향은 나로우주센터가 있는 전남 고흥군 외나로도다. 현재는 부인과 열 살 된 딸과 함께 제주도에 살고 있으며,

30년째 배를 타고 있다고 한다. 다음 조업 출항을 위해 준비를 하는 사이 휴가를 받아 서울에 잠시 들렀다고 했다.

김남식 선장은 "그동안 많은 기자가 찾아와 '당신이 진짜 어뢰를 건진 것이 맞느냐'고 물었다"며 "기자들이 혹시 내가 국방부와 짜고 뭔가 숨기는 것이 있는 것은 아닌지 의심을 할 때는 정말 답답했다"고 말했다.

"아직도 천안함이 북한 어뢰 공격 때문이 아니라고 주장하는 사람들이 있습니다. 건진 어뢰도 북한 것이 아니라 가짜라고 주장하는 사람들도 있더군요. 그 사람들에게 '도대체 뭘 더 건져주면 믿겠느냐'고 묻고 싶습니다. 어뢰가 가짜라면 수많은 외국 전문가들을 어떻게 속일 수가 있으며, 설사 그렇게 국제사회를 속인들 그것이 얼마나 가겠습니까. 내가 직접 건져 올렸으니 이제 그런 의심은 하지 않았으면 합니다."

부산 선적의 쌍끌이 어선인 대평11·12호(135t급)가 백령도 천안함 침몰 현장에 투입된 것은 4월 29일이다. 쌍끌이 어선은 2척이 항상 같이 조업을 하며, 두 척을 합쳐 '한 통'이라고 부른다. 主船(주선)인 11호에 13명, 從船(종선)인 12호에 11명의 선원이 탄다. 대평호는 우리나라 남해 부근뿐 아니라, 필리핀 근처 공해까지 내려가서 작업한다.

그는 "천안함 사건이 났을 때 내가 현장에 투입될 것 같다는 느낌을 받았다"며 "우리(대평수산)가 2006년과 2007년 두 번에 걸쳐 바다에 추락한 공군 전투기 잔해를 건져 올린 경험이 있었기 때문"이라고 말했다.

"제주도에서 조업하고 있는데 사장(김철안·51)한테서 전화가 왔습니다. 사장은 '방금 국방부 관계자를 만나고 오는 길인데 우리가 현장에 가야 할 것 같다'고 하더군요. 제가 전자 海圖(해도)로 천안함이 침몰한 백령도 부근의 바다 地形(지형)을 살펴보니까 수심의 기복이 심하고, 주변이 전부 암반지대였습니다. 저는 사장에게 그곳 지형을 설명하고 '조업(작업)할 장소가 아닌 것 같다'고 하자, 사장이 '국방부에 100% 자신이 있다고 이야기했다'고 하시더군요."

김남식 선장은 곧바로 백령도로 출발할 준비에 들어갔고, 가장 먼저 부산에 있는 대어산업이라는 어망 제조업체를 찾았다고 한다. 이곳에서 그물코가 5mm, 가로 25m, 세로 15m, 길이 60m에 무게가 5t인 특수그물을 주문했다. 그물 제작엔 일주일이 걸렸다. 김 선장은 그물 제작 과정에서 자신이 조업을 통해 얻은 여러 노하우를 제공했다고 한다. 백령도 해저 지형이 암반지대였기 때문에 그물이 찢어지지 않게 안쪽에 코가 덜 촘촘한 그물을 한 겹 더 덧대었다. 모든 준비를 마친 4월 27일 김 선장은 부산에서 그물을 싣고 백령도로 출발했다. 대평수산의 金喆安(김철안) 사장도 대평호에 동승했다.

그물 자꾸 찢어져 매일 새벽 1~2시까지 손질

대평호는 4월 29일 현장에 도착했지만, 곧바로 작업을 할 수는 없었다. 천안함 침몰 현장에서는 천안함에서 떨어져 나온 가스터빈 인양작업이 한창 벌어지고 있었기 때문이다. 김 선장은 "할 수 없이 어뢰폭발 때 생긴 火口(화구)에서 좀 떨어진 곳에서 시험으로 작업해 보았지만 아무것도 걸려오는 것 없이 어구만 망가졌다"고 말했다.

"작업 여건이 아주 좋지 않았습니다. 물살이 세고, 바닷속은 아무것도 안 보이고, 바닥은 돌밭이었습니다. 그물이 견디지 못했습니다. 사장은 10일 정도 작업을 지켜보다가 부산으로 돌아갔습니다. 작업이 계속 늦어지자 軍(군)에서 가스터빈 인양 작업을 일단 뒤로 미루고, 우리를 현장에 투입했습니다."

김 선장이 수색해야 할 지점은 가로세로 500야드(457m) 넓이의 바다였다. 김 선장의 설명이다.

"해군에서는 0.1mm 파편까지 찾아달라고 했습니다. 화구 10~20m 옆에 천

대평호 갑판에서 천안함 폭침의 결정적인 증거물인 어뢰 프로펠러를 포장하는 합동조사단원들.

안함에서 떨어져 나온 가스터빈이 떨어져 있고, 또 그 바로 옆에는 오래전에 침몰한 어선이 한 척 있었습니다. 이 가스터빈과 沈船(침선)에 그물이 걸리면 그물을 분실할 수도 있기 때문에 이것들을 피해서 投網(투망)을 해야 했습니다. 수색해야 할 구역의 50%를 잃은 상태에서 작업을 시작한 거죠."

문제는 그뿐만이 아니었다. 사건 현장의 조류가 너무 험해서 왔다갔다하는 왕복 작업은 애당초 불가능했다. 투망 작업은 항상 조류의 반대방향으로만 진행해야 했다. 그러지 않으면 그물이 조류에 밀려서 안정적으로 펼쳐지지가 않았기 때문이다. 투망 장소와 배의 진행 방향도 극히 제한됐다. 투망 작업은 서쪽에서 동쪽 방향(백령도 방향)으로만 진행해야 했다. 쌍끌이 어선과 그물을 연결하는 줄의 길이가 300~400m에 이르는데, 백령도 쪽에서 투망하면 그물이 물 속에서 충분히 펼쳐질 공간이 나오지 않기 때문이다.

김 선장은 "한 번 투망을 해서 배를 끄는 시간이 평균 7~8분이었다"며 "그렇게 수도 없이 그물을 던지고 올리는 작업을 반복했다"고 말했다.

"그물을 연결하는 밧줄 굵기가 52mm인데 이 줄이 작업 중에 침선에 걸려서 두 번이나 끊어졌습니다. 다행히 줄이 걸렸지만, 그물이 걸리는 날이면 그길로 그물을 잃어 버립니다. 또한 작업 중에 바윗덩어리가 그물에 걸려 올라오곤 했습니다. 그런 큰 돌은 작업 구역을 벗어난 곳에 버려야 합니다. 작업장에서 보니까 북한이 바로 코앞에서 빤히 보이더군요. 작업하다가 잠시라도 긴장을 늦추면 배가 북으로 넘어갈 것 같아서 무척 신경이 쓰였습니다. 현장에 가 보니 북에서 몰래 넘어와서 한 방 쏘고 달아나는 것은 일도 아니라는 생각이 들더군요."

김 선장은 "이런 어려움을 헤쳐가면서 화구 근처를 수색하기 시작하자 온갖 천안함 잔해들이 걸려오기 시작했다"며 "하지만 그물이 화구를 정확하게 지나가도록 하기가 쉽지 않다는 문제가 있었다"고 말했다.

"생각해 보세요. 300~400mm 뒤에 딸려 오는 작은 그물이 화구 위를 정확하게 지나가게 끌어야 하는데, 조류가 너무 세기 때문에 정확하게 포인트(목표지점)를 맞추기가 힘이 듭니다. 화구를 타깃 삼아 수도 없이 그 위를 훑고 지나가는 것 외에 달리 방법이 없었습니다. 거기다가 해저는 전부 돌밭이라 한 번 투망할 때마다 그물이 여기저기 찢어졌습니다. 일을 마친 후에는 새벽 1~2시까지 전 선원이 달려들어 그물을 수리해야 했습니다. 어망파손이 너무 심하고, 작업 여건이 좋지 않아 저는 작업 성공률이 10%도 안될 것 같다는 생각이 들었습니다."

김 선장은 그물이 견디지를 못하자 김철안 사장에게 "예비 그물을 하나 더 만들어 놓아야겠다"고 건의했다. 만약 작업 중에 그물을 잃어 버리기라도 하면 그물을 다시 제작하는 동안 손을 놓고 놀고 있어야 하기 때문이다. 김 선장의 제안을 받은 김철안 사장은 즉시 그물을 주문했다. 김 선장의 말이다.

숨은 영웅, 權永代 중령

"우리 사장은 의협심과 사명감이 강한 분이에요. 이번 일은 정말 돈하고는 아무 상관이 없는 일입니다. 왜냐하면 우리가 작업에 투입될 무렵 제주도에서 삼치가 엄청나게 났습니다. 우리 배 한 통(쌍끌이 배 한 쌍)이 하루에 1억8000만원씩 소득을 올렸습니다. 일주일만 작업하면 국방부와 계약한 돈보다 더 많이 벌 수 있는 상황이었습니다. 그런데도 사장은 그것을 포기하고 한 달 계약 조건으로 천안함 어뢰 잔해 수거 작업에 참여한 겁니다. 사실 사장 입장에서는 큰돈을 들여서 예비 그물을 미리 만들어 놓을 의무도 없었는데, 책임감 때문에 그렇게 한 것입니다."

나중에 어뢰 인양 작업에 성공하고 언론이 '쌍끌이 어선이 1등 공신'이라고 보도하자 사장이 아주 기뻐했다고 한다. 김 선장은 "우리 선원들도 사명감이 없었으면 그렇게 열심히 작업을 하지 않았을 것"이라며 "하루에 서너 번 정도밖에 투망할 수 없는 여건이었는데도 여덟 번까지 작업을 했다"고 말했다.

김 선장은 "현장을 지휘한 해군 특수전여단 權永代(권영대) 중령과 호흡이 맞지 않았으면 작업을 순조롭게 할 수 없었을 것"이라며 "이번 어뢰 인양의 숨은 공로자는 권 중령"이라고 말했다.

"저는 권 중령과 군인들이 현장에서 일하는 것을 보고 '이래서 군인은 명예를 먹고 산다고 하는구나' 하고 생각했습니다. 열악한 여건에서 혼신의 노력을 기울이더군요. 권 중령은 막중한 책임이 자기 어깨에 걸렸으니 얼마나 스트레스가 컸겠습니까. 선장들이 원래 고집이 센 편인데 만약 선장의 의견을 무시하고 군대식으로 '이래라 저래라' 하고 명령했다면 일을 하지 못했을 겁니다. 권 중령이 없었다면 절대로 성공하지 못했을 겁니다."

김 선장은 "권 중령이 천안함 수중 수색 중 순직한 한주호 준위와 친했는데 한 준위가 죽은 일에 대해 너무 괴로워했다"고 말했다.

어뢰 건진 후 軍이 보안 위해 휴대전화 수거해 가

김남식 선장이 본격적인 작업을 시작한 지 닷새째인 5월 15일, 드디어 쌍끌이 어선에 어뢰 잔해가 걸려 올라왔다. 그날 오전 8시에 출항해 첫 번째 투망에서 소위 '大魚(대어)'를 낚은 것이다.

"프로펠러가 걸려온 것을 보는 순간 '우리가 찾던 것이 저거다'고 생각했죠. 어뢰 잔해는 천안함의 다른 잔해들과 같이 걸려 올라왔습니다. 그물을 잘라서 어뢰 잔해를 갑판 위에 내려놓았습니다. 우리가 작업할 때는 민군합동조사단에서 파견 나온 사람들이 동승을 하는데, 그 사람들이 어뢰 잔해를 보더니 작업 중에 막 달려들면서 '이거 빨리 한쪽에 잘 보관해야 한다'고 야단이었습니다. 그런데 그때는 아직 揚網(양망 · 그물을 건져 올리는 것) 중이라 무척 위험할 때였습니다. 투망과 양망 과정은 한순간만 방심하면 목숨을 잃을 수도 있는 위험한 작업입니다. 그 사람들 그날 저한테 욕 많이 먹었죠. 하하. 그런데 말려도 소용없더군요. 군인들은 어뢰 잔해를 자기 목숨보다 더 귀중하게 생각하는 듯했습니다."

김남식 선장에게 "그날 아주 재수가 좋았네요"라고 말하자, 그는 "재수가 아니라 天運(천운)"이라고 강조했다. 지난 30년간 조업한 경험으로 볼 때 사막에서 바늘 찾기나 마찬가지였다는 것이다.

어뢰 잔해를 찾고 나서도 김 선장은 현장에서 계속 작업을 했다. 어뢰 잔해를 건진 후 보안을 유지하기 위해 군에서 선원들의 휴대전화를 거두어 보관했다고 한다. 김 선장이 자신이 건진 어뢰 잔해를 다시 만난 것은 국방부 민군 합동조사단의 발표장에서다.

"백령도를 출발해 발표가 있던 당일 새벽에 서울에 도착했습니다. 국방부의 발표장에 들어섰는데, 아무도 저에게 뭘 어떻게 하라는 이야기를 해 주지 않았습니다. 그래서 제가 답답해서 국방부 담당자에게 '무슨 말을 하면 됩니까?' 하고 물어봤더니 '그냥 선장님이 하신 일에 대해서 솔직하게 이야기하면 됩니다'라고 하더군요. 저는 그날 발표장에 어뢰 잔해를 가져다 놓았는지도 몰랐습니다."

김 선장은 "발표 후 기자회견할 때 '어뢰 잔해를 찾아서 천안함 전사자 유가족들에게 조금이나마 위로가 됐으면 좋겠다'는 말을 하고 싶었는데 너무 긴장이 돼 아무 생각이 나지 않았다"고 말했다.

"이번 일을 겪으면서 저도 많은 것을 배웠습니다. 또한 세상에는 멀쩡한 사실이 왜곡될 수가 있다는 것도 알았습니다. 저도 전통적인 야당 지지자입니다만, 유시민 경기도지사 후보가 '천안함 사건을 북한이 저질렀다는 증거가 없다'는 말을 했을 때 귀를 의심하지 않을 수가 없었습니다. 아무리 정부를 반대하는 것이 야당이라지만, 국가 안보가 걸린 문제를 두고 저런 식으로 말을 함부로 할 수 있는가 하는 생각이 들더군요."

인터뷰 마지막에 김 선장은 손목에 찬 시계를 보여주었다. 국방부 장관에게 받은 것이라고 했다. 국방부가 대평호 쌍끌이 어선 선원 전원에게 시계와 벨트 세트를 선물했다고 한다. 그는 "천안함 조사 발표를 마치고 국방부 장관이 나를 불러 격려해 주었다"며 "이번 사건으로 나 같은 작은 존재가 국가를 위해 이렇게 큰 일도 할 수 있구나 하는 생각을 하게 됐다"고 말했다.

〈李相欣 · 月刊朝鮮 기자〉

〈注: 이 인터뷰는 月刊朝鮮 2010년 7월호에 실린 것으로 필자의 동의를 받고 게재한다〉

부록

1

북한어뢰 발견 당시 세부 사항

Ⅰ. 어뢰 발견 당일(2010.5.15.) 시간대별 세부 내용

□ 일 시 : 08:30 ~ 10:45시

□ 장 소 : 정밀 탐색구역 Y10 → Y16 구간

※ 작업목표 설정 : 기존 수거물 위치 분석

* 중량물 : 화구상단[40] 위치, 경량물 : 함미인양 부근

* 기동로 선정 : Y축 12~13 (이후 Y축 17~18)

□ 인양어선 : 대평 11호(주선), 대평 12호(종선)

□ 어선 편승 책임운용 장교(인원)

구분	명 단	비 고
대평 11호	• UDT 중령 권영대(보좌 : 52전대 상사 최상찬)	합조단 : 상사 천종필 등 3명 편승

40. 화구상단: 천안함 폭침시, 수중 해저면에 어뢰폭발에 의해 생긴 것으로 추정되는 분화구 형태의 북서쪽 구역(어뢰탐색시 설정된 격자 기준으로는 북쪽)

대평 12호	• UDT 소령 김대훈(보좌 : UDT 상사 강수환)	합조단 : 중사 이진호 등 3명 편승

□ 현장기상(08:30시 기준)

○ 기 상 : 풍향/속 SW–10kts, 파고 1.0m, 시정 3nm

○ 유향/속 : 340°–1.7kys

□ 최초 발견/식별 : UDT 중령 권영대

○ 쌍끌이 어선 지휘/감독관

○ 2001년 미 폭발물 처리과정 교육수료로 어뢰 식별/처리 전문능력 보유

□ 시간대별 발견 및 식별 과정

구분	내 용	비 고
08:00	○ 세부 작업계획 브리핑 (감독관→선장) ○ 기본 작업계획 보고 (감독관→5전단장)	5전단장, 현장 지도차 편승
08:30	○ 현장 조류 확인 후 투망 시작(Y10→Y16구간) * 실제 그물망 이동은 40yds NW 이격할 것으로 판단, 화구상단부 공략 목표	대평 11호, 先 작업 지시
08:42	○ 투망 완료 및 예인 시작	
08:46	○ 예인 끝, 양망 시작 * 그물망 확장구역 끝단 통과시 양망 지시	그물망 위치 : 어선 후미 350yds
08:58 ~ 09:46	○ 수거물 인양시, 그물망 1/3지점 철제물표 확인 – 갑판장 : "또 발전기 같은 게 올라왔네" * 이후 그물망을 찢어 수거물 꺼내기 시작 – 중령 권영대 : 그물망 내 물체 확인 시도 * 확인 결과, 어뢰 후미 부분으로 식별 – 5전단장에게 증거물 발견 보고(형태 포함) – 탐색구조단장에게 발견 보고, 탐색구조단장 현장도착 및 확인 (따개비 등 고려 오래된 것이 아닌지 의문) – 중령 권영대, 선장 대동코 증거물 확인 (녹, 따개비 등 고려 최근의 것으로 판단) – 탐색구조단장 상부 보고 – 합조단 팀장(대령 최두환) 현장 도착 (증거물 확인 후 긴급이송 조치 요청)	증거물 발견 : 09:23
09:47	○ 기타 잔해물 인양 완료	일반 14품목
09:55	○ 수거된 증거물 모포 및 천막 포장 * 탐색구조단장 및 5전단장 하선	보안을 위해 선원 핸드폰 회수

10:00	○ 증거물 RIB 인계를 위한 장촌포구 입구 기동	저수심에서 인계
10:20	○ 증거물 해병대 RIB 경유 합조단 인계	장촌포구 입구
10:45	○ 이동지원 선원 복귀 및 구조함 이동	기타수거물 인계

II. 어뢰발견 당일 기동 장주

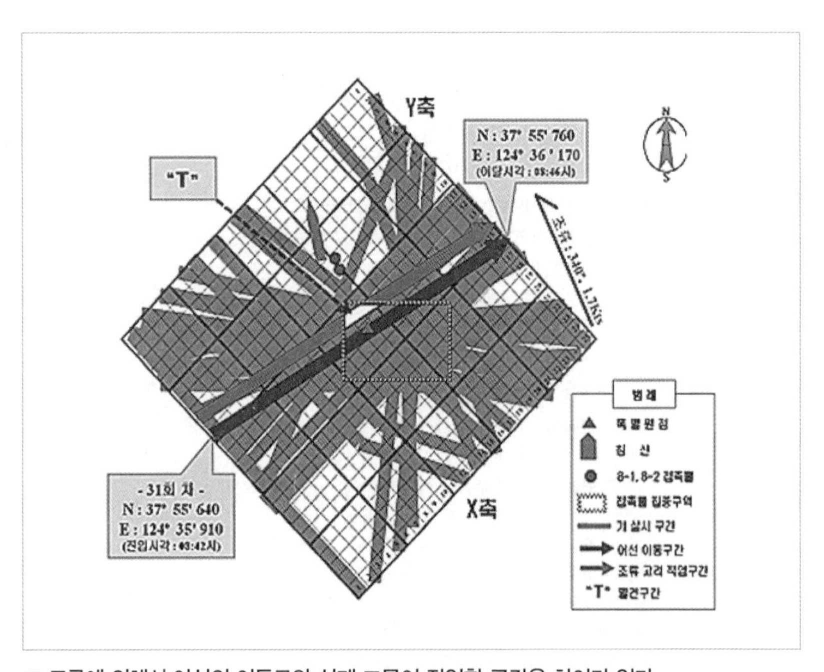

※ 조류에 의해서 어선의 이동로와 실제 그물이 작업한 구간은 차이가 있다.

Ⅲ. 어뢰 발견시 주요 사진 설명

어뢰 감식 · 채증

• 어뢰 확인 후 감식 작업

– 합조단에서 현장에서 발견된 어뢰의 정확한 제원을 확인하고 있다. 현장에서 확인할 수 있는 사항은 제원, 의심물질 구분 등 제한적일 수밖에 없다.

– 사진 촬영 카메라는 합조단에서 보유한 디지털카메라 한 대만이 운영되어 다양한 사진을 확보하지는 못했다. (보안관계상 통제관 및 어선 선원들은 카메라 보유 제한)

* 사진 가운데 : 알루미늄으로 덮혀 있는 부분에 '1번' 글씨가 포함되어 있는 것으로 차후에 발표를 통해 알게 됨.(현장에서 모든 수거물은 원형보존이 최우선이다)

어뢰 확인 · 보안 조치

• 어뢰 식별 후 보안 조치

– 주요 증거물인 어뢰로 식별된 후 그물조각을 이용해서 보안 조치를 실시하고 있다.

* 그물 : 어선이 보유한 여유 그물중 일부 조각 이용
(투망작업에 이용하지 않았던 새 그물이다)

* 그물을 덮는 이유 : 각종 핸드폰 등에 의한 형태 유출 우려(탐색구조단은 함미 해상이동시 자료 유출로 곤란을 겪은 후 확인되지 않은 수거물에 대한 보안을 강화)

* 현장인원 : 통제단, 합조단, 탐색구조단 지휘부, 어선선원, 해병대 RIB 운영요원 등 다수의 인원이 위치

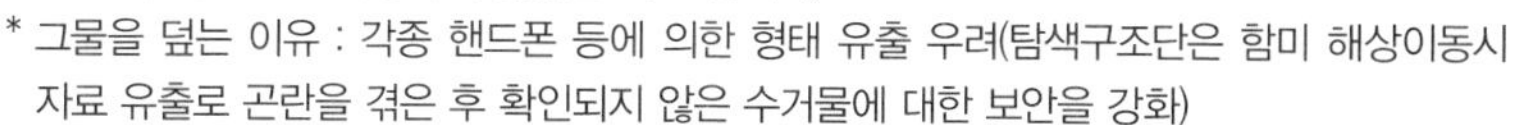

어뢰 포장

• 어뢰 최초 식별 후 육상 이동을 위한 포장 작업

– 어뢰는 통제관 및 합조단, 탐색구조단 확인 후 포장 작업 실시 (화학물질 등 증거자료 보호와 외부 노출 방지를 위한 포장)

– 포장물질은 소해함에서 가져온 모포로 포장 (어뢰발견 후 인근 소해함으로부터 해병대 RIB이 모포 이송)

– 포장작업은 어선 선원들이 실시하였고, 주위에 다른 수거물이 놓여져 있음

* 사진 가운데 : 합조단 최두환 팀장(전화 통화중), 조타실 입구 : 탐색구조단장

Ⅳ. 어뢰 발견 당시 쌍끌이 어선 선원 현황

□ 어선(대평 11/12) 선원

직 책	대평11호(주선) / 12명	대평12호(종선) / 11명
선 장	김 남 식	김 정 열 * 주선 선장 친동생
국 장(통신장)	김 용 주	
기관장	김 양 옥	김 대 기
항해사1	김 성 호	박 삼 출
항해사2	김 용 선	고 장 운
기관사1	박 장 수	김 병 열
기관사2	계 인 철	
갑판장	강 영 수	장 덕 중
갑판원1	양 태 열	안 순 혁
갑판원2	김 진 학	
조리장	박 덕 성	이 근 혁
중국선원	주 광 워	우 영 정 군 영 장 문 찬

※ 어선 소속 : 대평수산(사장 : 김철안)

2

쌍끌이 어선 작업 절차

해상 작업

① RIB 이용 이동(장촌포구→어선)

- RIB은 해병대 소속으로 작전 기간중 지속적으로 지원 받음.
- 어선은 장촌포구 입구에 투묘 (포구가 협소하여 입항 불가)
- 어선 탑승 후 간단한 아침식사 후 조석고려 현장 이동

* 사진 : 합조단 표종호 상사

② 현장도착 전 투망작업 준비

- 대평 11, 12호 교호로 투망 (어선별 각 1조씩 그물망 보유)
- 그물을 내리지 않는 어선은 근거리에서 대기

③ **투망작업**

- 최대 300m까지 그물을 투망하며, 속력은 10kts 전후 유지
- 그물을 완전히 내린 후, 보조선이 접근하여 그물의 끝단을 子船(자선)에 연결함.

④ **그물 예인작업**

- 그물의 끝단을 연결한 보조 어선이 거리를 벌려 그물을 예인
  (통상 거리는 약 200m 유지)
- 보통 3kts 전후 속력으로 예인되고, 거리가 멀어질수록 속력이 감소됨.
  (해저를 깊이 파고드는 현상)

⑤ **양망작업**

- 예인작업 종료 후 보조선이 그물의 끝단을 작업선에 인계
  (보조선은 자체 투망 준비)
- 그물 전체를 윈드라스[41]에 연결하여 양망 실시.
- 그물 중간에 인양되어 오는 수거물들은 그물을 찢어서 꺼내놓음.

⑥ **수거물 최종 하역**

- 양망 종료 후 마지막 부분에 있는 수거물 전체를 갑판에 풀어서 확인하는 작업.

  ※ 초기에는 찾는 목표물의 크기를 알 수 없어, 큰 수거물보다 아주 작은(손톱만한 수준) 것에 중점을 두었음.

---

41. 윈드라스(windlass): 무거운 물건을 끌어 올리는 장비로 일종의 윈치(로프나 그물 등을 감아 올림)

육상 작업

⑦ 장촌포구 입항, 수거물 하역
- 쌍끌이 어선이 장촌포구 근해에 투묘 후, 해병대 RIB 이용 장촌포구 이동.
  (대형 수거물은 구조함에 인계)
- 포구에 대기하고 있는 해병대 트럭에 탑재.

⑧ 트럭 이용 분류작업장 이동
- 정밀 감식이 필요한 수거물을 자루에 넣어 분류작업장 이동
  (분류작업장은 해병부대에 설치)

* 합조단과 해병대 호송

⑨ 정밀분류·감식·채증
- 수거물에 대한 정밀분류를 통해 과학적으로 분석이 필요한 수거물은 다시 합조단 본부로 이송 조치.

* 1차분류 : 어선
2차분류 : 해병대 분류작업장
3차 최종감식 : 합조단 본부

3

천안함 탐색구조 주요 일지

해군과 현장 위주의 주요 내용만 시간대별로 요약 정리하였음.

Ⅰ. 침몰 초기 탐색 및 구조【3.26(금) ~ 4.3(토)】

3.26(금)

21:22 : 천안함 피격사건 발생 (함미 선체 : 폭발충격과 함께 침몰)

23:13 : 해경-501함 등, 천안함 장병 58명 구조

23:30 : 구조함 비상소집 후 진해 출항, 현장으로 이동

3.27(토)

00:26 : 2함대 대기중인 UDT/SSU 5명 Lynx 헬기 이용 백령도 도착

00:45 : 구조지휘함 진해 출항, 현장으로 이동

04:47 : 공군 헬기, 환자 후송차 백령도 이륙, 평택 이동

10:00 : 해난구조 선발대 현장 도착 (진해→백령도)

12:00 : 천안함 함수 선체 완전침몰

13:33 : 탐색구조단, 1차 탐색구조작전 실시

14:04 : 잠수사 2명, 1차 잠수 / 강조류로 잠수작업 불가

* 조류 : 2~2.5kts, 수온 : 3.9℃

14:31 : 잠수사 2명, 2차 잠수 / 강조류로 잠수작업 불가

15:23 : 잠수사 15명, 2차 탐색구조작전 실시 / 강조류로 작업 불가

18:00 : 잠수사 10명, 3차 탐색구조작전 실시

18:45 : 잠수사 4명, 3차 잠수 / 발견사항 없음

3.28(일)

06:50 : 초계함, 실종자 가족 일행 편승시켜 침몰현장 도착

06:51 : 탐색구조단, 침몰함체 및 실종자 탐색차 이동(백령도→현장)

08:27~12:55 : 잠수 수색 지속 실시 / 발견사항 없음

13:00 : 육군 헬기 이용, 현장증강 잠수사 이동(진해→백령도)

14:30 : 구조함 현장도착, 투묘

14:43 : 구조지휘함 현장도착, 투묘

19:10~19:35 : UDT잠수사, 함수구역 탐색

* 천안함(추정) 함체 발견, 수중視界(시계) 제한으로 확인 불가

19:28~19:37 : 잠수사 2명(군/민 각1), 함미구역 잠수 / 발견사항 없음

19:37~19:45 : 민간잠수사, 7분간 잠수 후 저체온증으로 잠수병 발생

* 호흡곤란 증세, 구조함 후송 및 챔버 치료

19:45~19:57 : UDT 잠수사 천안함 함수 선체 발견, 위치부이 설치

22:31 : 소해함, 음파탐지기로 천안함 함미 선체 발견

3.29(월)

01:31 : 소해함, 음파탐지기로 천안함 함수 선체 발견

03:19~06:25 : 소해함 장비를 이용한 선체 식별 및 위치부이 설치

07:39~07:51 : 함수구역, UDT 1차 탐색구조작전 실시

* 로프연결 / 케미컬라이트 설치(수중시계 30cm)

08:13 : 함수구역, UDT 잠수, 망치로 두들겨 생존자 확인 / 반응 없음

08:18 : 함수구역, 군용이불 1개 인양 / 불에 탄 흔적 없음

08:40 : 특전사 지원 인원 30명 백령도 도착

09:02 : 함미구역, SSU 잠수, 잠수사 인도용 로프 설치

09:03 : 함수구역, 선체 절단부분 확인차 잠수

09:30 : 민간잠수사 언론 인터뷰

* "수중에서 아예 안보인다, 구조하기가 어렵다" 등 발언

10:20 : 미 Salvor함 탐색구조 지원차 작전해역 진입

10:50 : 구조지휘함, 한 · 미 탐색구조협조 회의

10:59 : 실종자 가족(8명) 구조함 편승

11:45 : 민간잠수사 7명 백령도 도착

11:54 : 민간잠수사 함미구역 작업 시도 / 강조류로 잠수 불가

12:55 : 민간 인양크레인(삼아-2200호) 거제항 출항

14:05 : 민간잠수사 철수 / 강조류로 잠수 포기

14:11~15:13 : 함미구역 SSU / 망치로 두드려 생존자 확인 / 반응 없음

14:18~15:00 : 함수구역 UDT / Mast 부분, 선체문자 등 확인

* Life Ring 1개 인양

15:50 : 중앙119구조대 백령도 도착

15:52 : 함미구역 SSU / 잠수사 비상상승 → 구조함 챔버 이용 잠수병 치료

20:11 : 함미구역 SSU / 실린더 이용 공기주입

20:28 : 함수구역 UDT / 함장실 좌측도어 확인 및 10m 연결로프 설치

3.30(화)

02:44 : 함미구역 SSU / 호흡기 동결로 인한 잠수 불가

* 잠수사 호흡 곤란으로 긴급 浮上(부상)

06:07 : 예비역 UDT, 구조지휘함 도착

07:08 : UDT, 초계함 내부구조 숙달훈련차 동일유형 함정 이동

07:41 : 미 Salvor함 함미구역 도착(잠수사 15명 편승)

08:09~09:52 : 함수구역 UDT, 특전사, 예비역 UDT

* 외부도어 입구 등 안내줄 및 위치부이 설치

08:41~09:56 : 함미구역 SSU / 탐색줄 연결 시도

12:00 : 이명박 대통령, 실종자 탐색구조 현장 순시

14:34~15:05 : 함수구역 UDT / 내부진입 시도

14:47~15:02 : 함미구역 SSU / 좌현함미 引渡索(인도색) 結索(결색), 도어개방 시도

* 긴급浮上으로 환자 발생 → 구조함 챔버 입실 치료

14:52~15:12 : 함미구역 중앙119 / 함미 도어개방 및 공기 주입 시도

15:12 : 특수전여단 한주호 준위 함수탐색 중 의식불명

15:40 : 구조함 챔버 사용 중으로 한주호 준위 미 Salvor함으로 후송

16:29 : UDT 대대장, 해군해양의료원장, 군의관 등 미 Salvor함 도착

17:00 : 준위 한주호 전사 / 수도통합병원으로 후송

21:00 : 야간 수중작업, 기상 불량으로 취소

23:04 : 한주호 준위와 동반잠수사, 구조함에서 챔버치료 완료

3.31(수)

08:30 : 오전 잠수작업 기상불량으로 취소

12:00 : 오후 잠수작업 기상불량(파고 2.5m) 취소

※ 민간 구난(잠수) 업체 인양작업 지원 : 침몰함체 인양을 위한 결색 작업

– 해양개발공사(잠수사 12명, 작업용 바지)

* 31. 08:00 인천 출발 → 4. 1. 08:00 백령도 도착

– 88수중개발(잠수사 12명, 작업용 바지)

* 4. 1. 08:00 인천 출발 → 4. 2. 08:00 백령도 도착

- 현대 오션킹-15001(인양작업 및 이동용 바지), 투묘
- 삼아-2200(해상크레인), 현장 도착(4. 1. 11:30)

15:55 : 구조함, 챔버 수리차 평택 이동

19:00 : 야간 잠수작업 기상불량으로 취소

4.1(목)

08:35 : 오전 잠수작업 기상불량(파고 2~2.5m)으로 취소

11:00 : 소해함, 대청도 근해 투묘

18:45 : 見視(견시) 및 가용센서 이용 해상유실 실종자 탐색 실시

4.2(금)

10:41~11:39 : 함미구역 / 인도색 식별 불가로 외부도어 접근 불가

10:55~11:48 : 함수구역 / 절단부위 하잠색 위치 조정

15:00 : 인천 선적 쌍끌이 저인망 어선(10척), 실종자 탐색 작업시작

15:17 : 백령도 어민들의 강력한 항의로 저인망 어선 작업종료

16:46~17:07 : 함미구역 / 인도색 재설치 시도

17:05~17:46 : 함장실 출입문 안내색 설치 및 위치부이 설치 시도

20:00 : 기상불량으로 야간 잠수작업 중단

20:30 : 저인망 어선 '금양 98호' 외국선박과 충돌로 침몰

4.3(토)

11:30~12:24 : 함미구역 / 좌현 함미 출입구 확보 및 진입 시도

10:55~11:48 : 함수구역 / 전투정보실, 통신실 탐색 → 실종자 미발견

17:47~18:41 : 함미구역 / 시신(故 남기훈 원사) 1구 발견

17:59~18:45 : 함수구역 / 함수 출입문 진입 및 선체 외부탐색

22:29 : 실종자 가족, 해군에 인명구조작전 중단 요청

II. 함체 인양 작전 【4.4(일) ~ 4.24(토)】

4. 4.(일)

08:00 : 故 남기훈 원사 시신 평택 이송

08:03 : 해양조사선 이어도호, 해저탐사 시작

10:00 : 천안함 함체 인양 준비

- 함미구역 : 인양크레인(삼아-2200), 작업바지(88수중개발)
- 함수구역 : 작업크레인/바지(해양개발공사)

4. 5.(월)

12:05~14:20 : 민간업체 수중환경 및 함체상태 확인 작업

- 함미구역 : 88수중개발 / 민간잠수사 6명 잠수
  - * 앵카부이 및 선체 일부 식별, 위치부이 추가 설치
- 함수구역 : 해양개발공사 / 민간잠수사 6명 잠수
  - * 함체 착저상태 확인

4. 6.(화)

0600 : 기상불량으로 탐색 및 인양작업 중단

4. 7.(수)

14:30~17:05 : 민간업체 인양 작업

- 함미구역 : 88수중개발 / 선체상태 확인 및 유도색 설치
- 함수구역 : 해양개발공사 / 선체 굴착을 위한 유도색 추가 설치

14:36 : 소해함 및 UDT 해저접촉물 수중 확인(일반 철조구조물)

16:00 : 민간업체, 함미구역 시신(故 김태석 원사) 1구 발견 · 수습

18:22 : 故 김태석 원사 시신, 평택 이송

20:58~23:10 : 민간업체 인양 작업

- 함미구역 : 88수중개발 / 장애물 과다로 선체 주변 정리작업
- 함수구역 : 해양개발공사 / 인양체인 작업을 위한 와이어 설치

21:22 : 함수구역 소해함, UDT 수중 접촉물 인양 / 천안함 계단

4. 8.(목)

09:30~10:49 : 소해함 및 UDT 해저접촉물 확인 / 알루미늄 접촉물 인양

10:03~4.9.01:00 : 민간업체 인양 작업

- 함미구역 : 선저 체인 유도색 및 실종자 유실방지 안전망 설치
- 함수구역 : 함체 결색, 체인 설치

10:55 : 탑재바지(현대프린스-12001), 평택 출항 현장이동

4. 9.(금)

06:20 : 현대프린스-12001, 함수구역 투묘

09:15 : 미 Salvor함, 함수구역 한 · 미 SSU 수중 접촉물 탐색

10:35~11:22 : 소해함 및 UDT, 수중 어초군(콘크리트) 다수 확인

11:11~12:33 : 민간업체, 함미 추진축 체인 연결 유도색 작업

12:55 : 미 Salvor함, 함미구역 해저접촉물 탐색(결과 : 암반)

16:30 : 해상크레인(대우-3600), 함수구역 도착

17:00~19:48 : 민간업체 인양 작업

- 함미구역 : 인양체인 1가닥 설치 완료
- 함수구역 : 함체 인양 와이어 보강 작업

4. 10.(토)

14:11~19:18 : 수중 접촉물 확인(통발, 암반, 어망, 일반철물 등)

12:17~20:55 : 민간업체 인양 작업

– 함미구역 : 인양체인 1가닥 추가설치를 위한 크레인 위치 이동

– 함수구역 : 인양체인 4가닥 중 1번 체인 연결 작업

4. 11.(일)

07:18~13:35 : 소해함 및 UDT, 수중 접촉물 4개(통발, 암반 등) 식별

07:12~20:44 : 민간업체, 인양체인 연결 작업 / 총 14회 잠수

4. 12.(월)

01:23~07:58 : 함미구역, 인양체인 연결 작업

13:43~20:45 : 함미구역(88수중개발), 기상불량에 따른 함미선체 이동

* 유실방지용 그물망 설치 후 저수심 지역으로 이동 조치

15:00 : 함수구역, 인양크레인(대우–3600) 묘박 완료

21:11 : 인양크레인(삼아–2200), 백령도 남방 투묘 완료

* 유성호, 은하호, 현대프린스–12001, 태준호 기상불량, 피항

4. 13.(화)

※ 기상불량으로 작업 중단 / 파고 3m

4. 14.(수)

※ 오전 : 기상불량으로 작업 중단

15:15~21:50 : 민간업체 인양 작업

– 함미구역 : 인양체인 결색 및 인양준비 완료

– 함수구역 : 인양체인, 작업바지 결색

15:30 : 탑재바지선(현대프린스), 함미위치 도착

16:03 : 함미 작업위치 기름띠 시각 확인 / 해경 방제함 방제작업

4. 15.(목)

08:44 : 천안함 해상위령제(해상헌화, 기적취명, 묵념)

09:00 : 함미함체 인양 시작

09:32 : 함미함체 주갑판 수면상까지 인양 완료 / 유실방지망 설치 완료

10:00 : 함체 내 배수 시작

13:12 : 함미함체 바지선 탑재 완료

13:56 : 무장안전요원, 합동조사단, 헌병과학수사단 함미함체 이동

15:03 : 무장안전팀, 함 내부 수색결과 이상 없음

15:05 : 헌병과학수사팀, 승조원 식당 진입

15:54 : 시신 4구 수습(승조원 식당 입구 통로 2구, 승조원 식당 2구)

16:05 : 시신수습 – 故 중사 서대호

16:20 : 시신수습 – 故 중사 방일민

16:25 : 시신수습 – 故 중사 이상준

16:35 : 시신수습 – 故 하사 이상민

16:57 : 시신수습 – 故 병장 안동엽

17:14 : 시신수습 – 故 중사 임재엽

17:17 : 시신수습 – 故 상사 신선준

17:35 : 시신수습 – 故 하사 강현구, 중사 서승원, 병장 박정훈

17:48 : 시신수습 – 故 중사 차균석

17:50 : 시신수습 – 故 상사 박석원

18:03 : 시신수습 – 故 상사 김종헌

18:14 : 시신수습 – 故 병장 김선명

18:18 : 시신수습 – 故 병장 김선호

18:20 : 시신수습 – 故 하사 이용상

18:30 : 시신수습 – 故 상사 민평기

18:42 : 시신수습 – 故 상사 강 준

18:50 : 시신수습 – 故 중사 손수민

18:54 : 시신수습 – 故 중사 조진영

19:06 : 시신수습 – 故 상사 김경수

19:14 : 시신수습 – 故 중사 심영빈, 하사 이상희

※ 기관부 침실 작업지연

– 연료탱크 등 유증기 발생으로 질식 위험으로 공기 배출 필요

– 매트리스, 캐비닛 등 물에 젖은 채 混在(혼재)로 처리 시간 과다 소요

19:37 : 시신수습 – 故 상사 최정환

19:42 : 시신수습 – 故 상병 조지훈

19:56 : 시신수습 – 故 원사 문규석

20:06 : 시신수습 – 故 상사 정종율

20:14 : 시신수습 – 故 하사 이상민

20:27 : 시신수습 – 故 하사 이제민

20:35 : 시신수습 – 故 일병 장철희

20:45 : 시신수습 – 故 상사 안경환

21:03 : 시신수습 – 故 상병 나현민, 중사 문영욱

22:07 : 시신수습 – 故 병장 정범구

22:08 : 시신수습 – 故 중사 김동진

22:52 : 시신수습 – 故 중사 조정규

23:00 : 함미함체 내부 수색 종료, 탑재바지 보강작업 시작

4. 16.(금)

09:29 : 정밀수색조 함미 내부 진입

10:06~11:18 : 함수구역 / 인양체인 설치 작업

20:15 : 함미함체 실종자가족, 합동조사단, 과학수사팀 수색 종료

21:45 : 탐색구조단대 지휘부 이동(독도함→구조지휘함)

22:45 : 함미함체 탑재바지 평택 이동 시작

23:00 : 탐색구조단대, 구조지휘함에 지휘소 개소

4. 17.(토)

10:40~16:41 : 민간업체 총 7회 잠수 / 체인 함수船底(선저) 통과 작업

19:09 : 함미함체 평택항 도착

4. 18.(일)

11:10~11:35 : 민간업체, 인양체인 크레인 결색 작업

14:50 : 탑재바지선(현대 오션킹) 등 기상불량으로 피항차 이동

19:30 : 함수함체 3번 체인 절단

4. 19.(월)

15:08 : 전 세력, 유실가능 실종자 및 수중 접촉물 집중 탐색

4. 20.(화)

05:55 : 전 세력, 유실가능 실종자 및 수중 접촉물 집중 탐색/확인

12:56~19:30 : 민간업체, 절단 인양체인 회수 및 유도색 再설치

20:35 : 함미함체 육상거치 완료

4. 21.(수)

05:35 : 전 세력, 수중 접촉물 집중 탐색

19:16 : 천안함 연돌추정 접촉물, 민간잠수사 1개조 잠수

4. 22.(목)

05:54 : 전 세력, 수중 접촉물 확인 및 해상/해안 집중 수색

13:52~15:39 : 민간업체, 연돌부분 인양 작업

20:55 : 민간업체(작업바지선 유성호), 연돌부분 야간 인양 작업

21:21 : 천안함 연돌부분 시신 1구 발견(故 박보람 중사)

22:30 : 민간업체, 함수함체 인양용 3,4번 체인 연결 완료

4. 23.(금)

09:00~15:55 : 함수구역 민간업체, 함체 바로세우기 및 유실방지망 설치

09:20~15:14 : 민간업체, 연돌부분 인양 완료

* 인양크레인(삼아-2200), 작업크레인(유성호), 탑재바지선(현대오션킹)

4. 24.(토)

08:00 : 함수함체 인양 시작

08:10 : EOD, 외부선체 무장안전 검사차 진입 시작

11:08 : 함수함체 배수작업 중 자이로실에서 시신 1구 발견

12:15 : 함수함체 탑재바지선 탑재 완료

14:32 : 발견 시신(故 박성균 중사) 수습 및 평택 이동

19:33 : 함수함체 탑재바지 평택으로 이동

Ⅲ. 잔해 및 증거물 탐색 작전【4.25(일) ~ 5.20(목)】

4. 25.(일)

06:28~18:55 : 전 세력, 수중 접촉물 탐색 및 확인

* 세력 : 소해함, 구조함, 잠수요원

* 결과 : 일반 수중물체(앵커 등 철물, 암반 등) 확인

* 특이사항 : 해저 웅덩이 발견(폭발 원점 사료)

21:47 : 함수함체 평택항 도착

4. 26.(월)

06:00~19:29 : 전 세력, 수중 접촉물 탐색 및 확인

* 세력 : 소해함, 구조함, 잠수요원, 해양조사선, 형망어선

* 결과 : 일반수중물체(일반철물, 암반 등), 어패류 확인

* 특이사항 : 해저 웅덩이(폭발 원점 사료) 잔해물 및 시료 수거

4. 27.(화)

※ 서해 풍랑주의보 : 27.(화) 06:00 ~ 28.(수) 06:00

강풍주의보 : 27.(화) 11:00 ~ 28.(수) 06:00

09:34 : 전 세력 피항 조치

4. 28.(수)

※ 서해 풍랑주의보 : 28.(수) 15:00 ~ 29.(목) 12:00

강풍주의보 : 28.(화) 17:00 ~ 28.(수) 09:00

4. 29.(목)

10:00 : 천안함 장병 영결식시 汽笛吹鳴(기적취명) 및 묵념

※ 기상 호전시 탐색계획 수립

4. 30.(금)

06:20~16:30 : 소해함 해저 잔해물 인양 / 통신기 안테나, 철제구조물 등

08:40~16:20 : 형망어선(5척) 양망작업 / 수거물 없음

16:16~22:52 : 구조함, 수중 접촉물 탐색 / 알루미늄 조각 수거

* 하픈유도탄 및 마스트 식별 → 유도색 결색 완료

5. 1.(토)

06:00~18:25 : 소해함 및 EOD, 해저잔해물 탐색 / 대형앵커 식별

08:00~17:00 : 형망어선, 까나리 조업구역 탐색 / 수거물 없음

* 형망어선 성과 미흡으로 운용종료 건의

09:23~23:38 : 구조함, 천안함 마스트 및 하푼 인양작업

* 하푼 인양 완료, 마스트 인양 재시도

10:50 : 쌍끌이 어선(대평 11,12호), 현장 인근 대기

5. 2.(일)

05:22~07:32 : 구조함, 마스트 인양 작업 / 강조류로 작업 중단

13:09 : 구조함, 천안함 마스트 인양 완료

5. 3.(월) ~ 5. 6.(목)

※ 기상불량으로 전 세력 피항

5. 7.(금)

10:10~17:20 : 구조함 및 소해함, 수중 접촉물 인양 / 발전기, 청수펌프 등

5. 8.(토)

09:55~22:11 : 구조함 및 소해함, 수중 접촉물 확인 지속 실시

5. 9.(일)

07:43~15:52 : 구조함 및 소해함, 수중 접촉물 확인/인양

* 가스터빈 보호덮개 인양 중 인양색 절단

5.10.(월)

14:00 : 쌍끌이 어선 투입 협조회의(구조지휘함)

* 운용기간 : 5. 10(월) 18:00 ~ 종료시

17:35~19:31 : 쌍끌이 어선 운용(3회) / 스테인리스 및 알루미늄 조각 등 인양

5.11.(화)

06:54~15:31 : 쌍끌이 어선 운용(5회) / 에어컨 실외기, 환풍기 등 인양

* 어망 훼손으로 조기 종료

5.12.(수)

07:17~14:58 : 쌍끌이 어선 운용(7회) / 함체 배관, 소화펌프, 지주대 등 인양

5.13.(목)

07:17~14:58 : 쌍끌이 어선 운용(8회) / 함체배관, 소화펌프, 지주대 등 인양

14:36 : 소해함, 함수구역 함 구조물 식별 및 위치부이 설치

5.14.(금)

08:26~15:35 : 쌍끌이 어선 운용(6회) / 현창, 단정 앵카 등 인양

5.15.(토)

08:30~16:47 : 쌍끌이 어선 운용(5회)

09:23 : 결정적 증거물(어뢰 스크류, 추진모터 등) 수거

5.16.(일)

09:25~12:12 : 쌍끌이 어선 운용(5회) / 소화펌프, 계기판, 철망 등 인양

5.17.(월)

08:43~11:57 : 쌍끌이 어선 운용(5회) / MCR 콘솔박스, 철망 등 인양

09:40 : 민간 크레인(유성호) 현장 도착

5.18.(화)

05:56 : 가스터빈 인양 완료

11:02 : 가스터빈실 선저함체 인양체인 설치 작업

5.19.(수)

06:37 : 가스터빈실 선저함체 인양 완료

11:07~13:25 : 쌍끌이 어선 운용(4회) / 함체조각, 쌍안경 등 인양

5.20.(목)

10:00 : 탐색구조단 해체 건의

14:00 : 탐색구조단 진해 복귀

4

주요 참고 사항

Ⅰ. 탐색구조현장 방문 주요 인사

일 시	방 문 자	방 문 내 용	비 고
3.27(토)	국방부 장관	구조작전 현장 지도	
3.28(일) 15:35~15:54	국무총리, 참모총장, 해병대사령관 등 10명	구조작전 현장 지도	구조 지휘함
3.28(일) 15:35~15:55	기자단 28명	함장 인터뷰 구조작전 현황 취재	구조함
3.28(일)~3.30(화)	참모총장 등 9명	현장 지도 및 지휘	구조 지휘함
3.29(월)	해경청장 등 7명	구조작전 현장 방문	〃
3.30(화) 06:38	UDT전우회 5명	구조작전 현장 지원	〃
3.30(화) 12:00~14:00	대통령 등 10명	구조작전 현장 방문 잠수사격려, 가족면담	독도함 구조함
4.2(금) 10:30~11:30	합동조사단장 등 5명	구조작전 현장 방문	독도함

4.2(금) 11:30~14:00	국민권익위원장 등 5명	구조작전 현장 방문	독도함
		잠수사 격려	구조함
4.2(금) 16:20	UDT 명예회장 예)대령 조광현	구조작전 지원 협조	독도함
4.3(토) 13:50~15:20	합참의장 등 7명	구조작전 현장 방문	독도함
		잠수사 격려	구조함
4.4(일) 11:20~13:40	국방부 장관 등 10명	구조작전 현장 방문	독도함
		잠수사 격려	구조함
4.7(수) 09:59~12:00	주한 미대사, 연합사 사령관, 부사령관 등 14명	구조작전 현장 방문	독도함
4.8(목) 14:50~15:30	민 · 군 합동조사단 합참 군수부장 등 3명	사고원인 규명 및 향후대책 논의	〃
4.9(금) 11:10~12:40	국방차관 및 한국방송협회 임원단	구조작전 현장 방문	〃
4.9(금) 14:20	기무사령관 등 5명	구조작전 현장 방문	〃
4.11(일) 12:05~12:25	한나라당 국회의원 정몽준 대표 등 7명	구조작전 현장 방문	〃
4.30(금) 10:55~11:50	국가정보원장	구조작전 현장요원 격려	구조 지휘함

II. 기간 중 기상 및 잠수작업 현황(3.27. ~ 5.19.)

□ 총 작업일수(총 일수) : 33일(54일)

□ 총 잠수시간 : 79시간 37분

일 자	기 상	잠수작업 현황		잠수 시간
		함미구역	함수구역	
3.27(토)	파고 : 2m 시정 : 5nm 풍속 : 20kts	–	• SSU 14명	3h
3.28(일)	파고 : 1.5m 시정 : 5nm 풍속 : 15kts	–	• SSU 10명 • UDT 6명 • 실종자 친구 1명	2h50

3.29(월)	파고 : 1.5m 시정 : 5nm 풍속 : 15kts	• SSU 18명 • 한국구조연합 3명	• UDT 23명	3h47
3.30(화)	파고 : 1.5~2m 시정 : 5nm 풍속 : 10kts	• SSU 16명 • 특전사 4명 • 중앙119 2명 • 예비역 UDT 2명	• UDT 13명	4h15
3.31(수)	파고 : 2m 시정 : 1.5nm 풍속 : 20kts	기상불량으로 잠수작업 미실시		
4. 1(목)	파고 : 2~2.5m 시정 : 2nm 풍속 : 25kts	기상불량으로 잠수작업 미실시		
4. 2(금)	파고 : 1.5m 시정 : 5nm 풍속 : 10kts	• SSU 12명 • 특전사 2명 • 중앙119 2명	• UDT 4명	3h51
4. 3(토)	파고 : 1~1.5m 시정 : 5nm 풍속 : 10kts	• SSU 18명	• UDT 8명	2h23
4. 4(일)	파고 : 2m 시정 : 5nm 풍속 : 20kts	기상불량으로 잠수작업 미실시 ※ 인양작전으로 전환		
4. 5(월)	파고 : 1m 시정 : 5nm 풍속 : 15kts	• 민간잠수사 10명	• 민간잠수사 16명	4h47
4. 6(화)	파고 : 2~2.5m 시정 : 3nm 풍속 : 25kts	기상불량으로 잠수작업 미실시		
4. 7(수)	파고 : 1.5~2m 시정 : 5nm 풍속 : 10~15kts	• 민간잠수사 12명	• UDT 4명 • 민간잠수사 16명	6h39
4. 8(목)	파고 : 1.5~2m 시정 : 5nm 풍속 : 10~15kts	• SSU 4명 • 민간잠수사 10명	• UDT 4명 • 민간잠수사 10명	4h54
4. 9(금)	파고 : 1.5m 시정 : 5nm 풍속 : 15kts	• UDT 6명 • 민간잠수사 10명	• SSU 4명 • 민간잠수사 4명	4h12

4.10(토)	파고 : 1m 시정 : 500yds 풍속 : 5kts	–	• UDT 6명 • 민간잠수사 10명	4h29
4.11(일)	파고 : 1m 시정 : 5nm 풍속 : 5kts	• 민간잠수사 14명	• UDT 6명 • 민간잠수사 11명	5h9
4.12(월)	파고 : 1m 시정 : 5nm 풍속 : 12kts	• 민간잠수사 8명 ※ 함미선체 이동	–	1h19
4.13(화) ~ 4.14(수)	파고 : 3.5m 시정 : 5nm 풍속 : 30kts	기상불량으로 잠수작업 미실시		구조 지휘함
4.15(목)	파고 : 1m 시정 : 5nm 풍속 : 7kts	※ 함미선체 인양	–	
4.16(금)	파고 : 1m 시정 : 5nm 풍속 : 7kts	–	• UDT 2명 • 민간잠수사 3명	59
4.17(토)	파고 : 1m 시정 : 3nm 풍속 : 10kts	–	• 민간잠수사 10명	2h4
4.18(일) ~ 4.19(월)	파고 : 2~2.5m 시정 : 5nm 풍속 : 25~30kts	기상불량으로 잠수작업 미실시		
4.20(화)	파고 : 1m 시정 : 3nm 풍속 : 15kts	–	• UDT 2명	41
4.21(수)	파고 : 1m 시정 : 3nm 풍속 : 15kts	–	• UDT 4명 • 민간잠수사 1명	1h4
4.22(목)	파고 : 1m 시정 : 3nm 풍속 : 10kts	• 민간잠수사 7명	• 민간잠수사 6명	3h29
4.23(금)	파고 : 1m 시정 : 3nm 풍속 : 10kts	• 민간잠수사 6명 ※ 함미 연돌인양	※ 선체 바로세우기	25

4.24(토)	파고 : 1m 시정 : 3nm 풍속 : 10kts	–	※ 함수선체 인양	
4.25(일)	파고 : 1.5m 시정 : 3nm 풍속 : 15kts	• SSU 10명	• UDT 2명	2h
4.26(월)	파고 : 2m 시정 : 3nm 풍속 : 25kts	• SSU 4명	• UDT 2명	45
4.27(화) ~ 4.29(목)	파고 : 3m 시정 : 3nm 풍속 : 30kts	기상불량으로 잠수작업 미실시		
4.30(금)	파고 : 1.5m 시정 : 3nm 풍속 : 5~10kts	• SSU 6명	• UDT 6명 • SSU 4명	2h11
5. 1(토)	파고 : 1.5m 시정 : 3nm 풍속 : 5~10kts	• SSU 6명	• UDT 4명 • SSU 4명	1h46
5. 2(일)	파고 : 2m 시정 : 3nm 풍속 : 20kts	–	• SSU 2명	29
5. 3(월)	파고 : 2m 시정 : 3nm 풍속 : 25kts	• SSU 4명	–	48
5. 4(화)	파고 : 1.5m 시정 : 100yds 풍속 : 20kts	–	–	
5. 5(수)	파고 : 2m 시정 : 50yds 풍속 : 30kts	기상불량으로 잠수작업 미실시		
5. 6(목)	파고 : 3m 시정 : 1nm 풍속 : 30kts	기상불량으로 잠수작업 미실시		
5. 7(금)	파고 : 2m 시정 : 3nm 풍속 : 30kts	• SSU 20명	• UDT 8명 • SSU 4명	4h21

5. 8(토)	파고 : 1.5m 시정 : 5nm 풍속 : 15kts	• UDT 6명 • SSU 2명	• UDT 2명	42
5. 9(일)	파고 : 1m 시정 : 5nm 풍속 : 10kts	–	–	
5.10(월)	파고 : 1.5m 시정 : 3nm 풍속 : 20kts	• SSU 6명	• UDT 2명	1h7
5.11(화)	파고 : 1.5m 시정 : 5nm 풍속 : 10kts	–	–	
5.12(수)	파고 : 1.5m 시정 : 3nm 풍속 : 20kts	–	–	
5.13(목)	파고 : 1.5m 시정 : 4nm 풍속 : 10kts	–	• UDT 2명	16
5.14(금)	파고 : 1.5m 시정 : 5nm 풍속 : 15kts	–	–	
5.15(토)	파고 : 1m 시정 : 5nm 풍속 : 10kts	–	–	
5.16(일)	파고 : 1m 시정 : 5nm 풍속 : 10kts	• SSU 4명	–	48
5.17(월)	파고 : 1m 시정 : 5nm 풍속 : 10kts	• 민간잠수사 6명	–	1h6
5.18(화)	파고 : 1.5m 시정 : 1nm 풍속 : 20kts	• 민간잠수사 10명	–	2h4
5.19(수)	파고 : 1.5m 시정 : 100yds 풍속 : 10kts	• 민간잠수사 4명	–	36

천안함 폭침시 戰死者 현황

총 46명(전사 40명, *屍身* 미발견자 6명)

구조작업 중 전사 : 故 한주호 준위

교훈 : 어떻게 언론이 정확하게 보도하도록 할 것인가?

천안함 폭침현장에서 작전을 수행하면서, 다음에 유사한 상황이 생기게 되면 절대 잊지 말고 개선되어야 할 사항을 몇 가지 기술하고자 한다.

첫째, 현장에 대한 언론의 정확한 보도가 정말 중요하다는 것이다.

처음부터 확인되지 않은 사항을, 경쟁하듯이 신속하게만 발표하는 행태는 현장 지휘에 있어 엄청난 장애물을 만든다. 또한, 각 언론에서 모시는 소위 전문가(?)분들에 대한 통제와 검증이 필요하다.

일부 잘못 이야기되는 사항들과 잘못된 내용으로 희망을 준다면, 현장에서의 치밀한 계획은 사라지고 어느새 언론의 흐름에 따를 수밖에 없는 상황이 만들어진다. 최악의 경우에는 현장의 발표가 계속 거짓을 이야기하는 형태가 되어버리고 마는 것이다. 현장에는 수많은 변수가 있다. 직접 보고 확인하기 전에는 함부로 이야기를 해서는 안되는 것이다.

둘째, 현장에서도 각종 발표에 있어, 현장 전문가에게 확인을 받을 필요가 있다. 안타깝게도 대부분의 발표는 현장을 가장 잘 아는 사람이 하지 못한다. 왜냐하면, 현장에 모든 전력을 집중하기 때문에 그럴 것이다. 대표적인 예를 들어보면, '천안함 수중수색에 잠수전문가 150명이 투입되었다!'이다.

이 사항은 정확한 내용이 아니다. '잠수'의 기본을 알지 못하는 절대 다수의 국민과 실종자 가족들은, 잠수사가 한꺼번에 150명씩 물 속으로 들어가거나, 교대로 작업을 하더라도 최소한 50명씩은 수중에 들어가 있을 거라고 생각할 것이다. 그러나 실종자 가족이 현장에 왔을 때는 잠수사 2~4명, 또는 아무도 수중작업을 하지 않고 있는 모습을 볼 수밖에 없다.

'잠수전문가 150여 명이 투입되어, 각종 안전사항(치료챔버, 출입구, 하잠줄 설치현황 등) 및 효율적인 잠수상황에 따라, 1회 2~8명, 1일 최대 20명 전후가 잠수작업이 가능하고, 조석고려 오전과 오후 각 1회, 1일 약 2시간의 잠수작업이 가능하다.'

이와 같이 정확히 발표해 주어야 한다. 그렇지 않으면, 어느새 현장의 모든 대원들이 거짓말쟁이가 되어 버린다. 이것은 2014년 있었던 '세월호 참사' 때도 마찬가지였다.

셋째, 대한민국 정부와 군인들의 발표를 믿지 못하는 모든 사람들에게 반문하고 싶은 사항이다.

"여러분은 현장에 있었던 대한민국의 젊은이들을 믿지 못하는가?"

천안함 사건과 관련해서, 현장에서 단지 몇 명만이 상황을 정리하고, 발표하는 일은 없었다. 지휘부에도 마찬가지이다.

모든 상황에는 수많은 대원들이 함께 한다. 의무복무를 위해 군에 입대한 '水兵(수병)'들이 있다. 이들은 항상 자유롭게 생각하고, 본인 의견을 자유의지에 의해서 이야기할 권리가 주어져 있다.

'한주호 준위! 다른 곳에서 숨졌다'라는 KBS의 오보가 있었다. 그 당시 천안함 함수 작업과 관련해서, 현장에 있었던 수많은 젊은이들이 증언을 하겠다고 했다. 또한, 천안함 폭침어뢰를 찾는 과정에서 많은 해병대 젊은이, 소해함 근무자들, 대평 11,12호의 민간인과 중국 선원…. 과연 이 많은 사람들을 속일 수 있을 것인가? 거짓을 조작하고 비밀을 지킬 것을 강요한다면, 가능할 것인가? 불가능하다. 대한민국의 젊은이들은 그렇게 호락호락하지 않다.

천안함 폭침사건이 발생한 지 6년이 지났고, 어뢰가 발견됨으로써 명백한 북한의 소행임이 드러났다. 현장처리부터 사건조사까지 관여했던 수많은 젊은이들… 6년이 지난 지금까지 누구 한 명, "당시 현장에 있었는데, 그것은 거짓입니다!"라고 말하는 이가 있는가?

爆沈 어뢰를 찾다!

천안함 水中작업 UDT 현장지휘관의 56일간 死鬪

저자 | 權永代
펴낸이 | 趙甲濟
펴낸곳 | 조갑제닷컴
초판 1쇄 | 2016년 3월 15일
초판 2쇄 | 2016년 3월 31일

주소 | 서울 종로구 내수동 75 용비어천가 1423호
전화 | 02-722-9411~3
팩스 | 02-722-9414
이메일 | webmaster@chogabje.com
홈페이지 | chogabje.com

등록번호 | 2005년 12월2일(제300-2005-202호)

ISBN 979-11-85701-33-2-03390

값 13,000원

*파손된 책은 교환해 드립니다.